U0305738

书的故事

（苏）米·伊林 著
胡愈之 译

北方联合出版传媒（集团）股份有限公司
春风文艺出版社
·沈 阳·

图书在版编目（CIP）数据

书的故事 /（苏）米·伊林著；胡愈之译. —沈阳：春风文艺出版社，2022.8（2023.8重印）
ISBN 978-7-5313-6208-1

Ⅰ.①书… Ⅱ.①米… ②胡… Ⅲ.①图书史—世界—通俗读物 Ⅳ.①G256.1-49

中国版本图书馆CIP数据核字（2022）第036979号

北方联合出版传媒（集团）股份有限公司
春风文艺出版社出版发行
沈阳市和平区十一纬路25号　邮编：110003
辽宁新华印务有限公司印刷

责任编辑：邓　楠　韩　喆　　责任校对：张华伟
封面绘制：一　清　　幅面尺寸：145mm × 210mm
字　　数：75千字　　印　　张：5.25
版　　次：2022年8月第1版　　印　　次：2023年8月第2次
书　　号：ISBN 978-7-5313-6208-1　　定　　价：26.00元

目 录

上 篇

下 篇

上　篇

这世界上第一本书，一点儿不像现在的书，这第一本书是有手有脚的。它并不放在书架子上面。它能说话，也能唱歌。总之，这是一本活的书：这就是人。

第一章　活的书

世界上开头第一本书，是什么样子的呢？

是印刷的还是手抄的呢？是用纸做成的，还是用旁的东西做成的呢？如果现在还存在着这样一本书，那么在哪一家图书馆里才找得到呢？

据说从前有过一个好事的人，他想在全世界每家图书馆里，去找寻这第一本书。他整年整月钻在上了年纪的黄烂、虫蚀的旧书堆里过日子。他的衣服和鞋子上面，堆满了厚厚的一层灰尘，不知道的人还当他刚从沙漠里长途旅行回来。临了，他从一家图书馆书架子前面的一条长梯子上

跌下来死了。但是就算他能再活上一百岁，也休想达到原来的目的。因为世界上的第一本书，在他出世以前几千年，就变成泥土，埋没在地底下了。

这世界上第一本书，一点儿不像现在的书。这第一本书是有手有脚的。它并不放在书架子上面。它能说话，也能唱歌。总之，这是一本活的书：这就是人。

原来在那时候，人们还不懂得读书写字。那时既没有书，也没有纸，更没有墨和笔。那时候，一切先代的故事、法律和信仰，并不是保藏在书架子上面，而是从人们的记忆中遗留下来的。

人们死了，故事还存留着，从父亲传到儿子，一代一代地流传下去。可是从一只耳朵传到另一只耳朵，历史就会变了些样子。一部分是忘掉了，一部分是后来穿插了进去。时间把历史磨光，正像河水磨光两岸的石块一样。譬如一个勇敢的战士的传说，后来就附会成一个巨人的故事——这巨人不怕箭，不怕枪，能够像狼一般地在林中跑，像鹰一般地在天上飞。

在我们这个时代，僻远的地方，还有些老头子、老婆子爱讲一些故事，这些故事，在一切写下的书本里，都不曾留下影踪。这些故事一般就叫作传说或神话。

很久以前，希腊人有一个习惯，爱唱《伊利亚特》和《奥德赛》这两首诗歌。诗歌说的是希腊人和特洛伊人战争的故事。人们一直听着唱着这故事，直到几世纪之后，才用文字写下来。

唱这些诗歌的人，希腊人就将其称作“阿德”，每逢宴会的时候，阿德是最受欢迎的。

阿德一开始靠着一根圆柱坐着，头上挂着他的竖琴。宴会快要完毕的时候，大盘的肉都吃空了，满篮的面包也吃光了。人们取出双柄的金杯子，放在桌上。客人们重新坐好位子，等待着音乐的演奏。

希腊歌者阿德

这时候，阿德才一手捧着竖琴，一手弹着琴弦，开始唱起长篇的故事。又是狡猾的国王奥德修斯[1]呀，又是骁勇善战的阿喀琉斯[2]呀。

阿德的歌是很悦耳的，可是总没有我们的书那样便当。因为现在我们只要花上几毛钱，就能买到一本《伊利亚特》，而且可以放在袋子

① 奥德修斯：古希腊神话中的英雄，荷马史诗《奥德赛》的主角。他曾参加特洛伊战争，献木马计，使希腊获胜。——编者注

② 阿喀琉斯：古希腊神话和荷马史诗《伊利亚特》中的英雄。除了脚踝，全身刀枪不入，诸神难侵。——编者注

里。这书不会要求什么。它既不要吃，又不要喝，从不会害病，更不会死亡，那是多么方便哪！

因此我想起了一个故事。

活图书馆的故事

从前在罗马有一个有钱的商人，名叫伊台里厄斯。说起他的财富，多得几乎叫人难以相信。他有一所挺大的住宅，可以容得下罗马全城的居民。每天他吃饭的时候，一定有三百个客人和他在一起。这三百个客人，一个个都是从最有声望、最有才学的罗马公民中挑选出来的。

他吃饭的台子也不止一张。他有三十张吃饭的台子。每一张台子都铺上了金线绣成的讲究的台毯[1]。

他用了最精致的食品款待客人。那时候有一

---

① 台毯：指桌布。——编者注

个风气，就是款待客人除了讲究的食品之外，还要有最高雅、最愉快的谈话。

但是伊台里厄斯所缺少的，正是教育。他不大懂得读书，所以那些乐意接受他邀请的客人，暗中都在笑他。

因此他在席上几乎没法子和客人谈些高雅的话。有时勉强谈了一些话，他就看出来，客人都是尽力忍着笑在听。

这事使他很难受。可是他生性太懒了，不能埋头在书本上用功夫，他也没有刻苦用功的习惯。伊台里厄斯为了这事，想了好久好久，这才想出一个办法来。

他命令管家从他的大批奴隶中间挑选出两百个挺聪明、挺有教养的，每一个人都指定了一本书，例如《伊利亚特》《奥德赛》等，叫他们各自用功读熟了。

这件事对于管家可不是十分好办。他费了许多力，督促责罚着挑选出来的两百个奴隶，才算达成了他主子的愿望。

这样，伊台里厄斯算是有了一个活的图书馆了。这在他是多么快活呀！

于是，每天席上到了和客人谈话的时候，他只消向管家做一个手势，就有一大群奴隶靠着墙壁肃静地站着。伊台里厄斯要念哪一本书的哪一节，就有一个奴隶出来，照样背诵，一个字也没

伊台里厄斯的活图书馆

错。这些奴隶，就用他们各自所记熟的书当作名字，例如有一个叫奥德赛，另一个叫伊利亚特，又一个叫爱纳伊德……

伊台里厄斯这才称心如意了。整个罗马城都在谈论他的活图书馆，这样的事情人们从没有见过。可是这不能久长。终于有一天，出了一个岔子，满城的人们都当作笑话来讲了。

晚餐以后，主人和客人照平常那样谈说着文学故事，谈谈这个，谈谈那个。正谈起了一个古人，伊台里厄斯就向管家做一个手势，说："我知道在《伊利亚特》那诗中有这样一节……"

可是那管家跪在地上，用颤抖的声音带着恐惧说："对不起，老爷，伊利亚特今天害胃病了。"

这可并不是笑话。人类使用活书，倒有两千年之久呢。就算到了如今，满地都是图书馆，可是人们还是不能够完全抛弃活的书。

因为，假如什么事情都可以从书本上面学得，那么人们就用不到再进学校了，也用不到活的教师来讲解和说明了。

你不能够对着一本书发问。可是教师呢，你问什么，他就回答你什么；你若没听懂，他还可以重复地说几遍。

除了活的书以外，还有活的报纸呢！比之于印刷的报纸，那是多么有趣、多么有益呀！在戏院子里看演戏，总比从书上面念那脚本有意思得多呀。

反过来说，假如活的书始终对我们有用处，那么活的信札，就完全不是这样了。

在古时，人们还不懂写字，那时候自然更不会有邮局。假如有人要传递一个重要消息，就得派一个“报信人”，把要传递的话，叫他一个字一个字地传达给对方。

假如现在我们仍旧用报信人，不用邮差，那

会变成怎样呢？自然，我们很不容易找到一个报信人，有这么好的记忆力，每天能够记住几百封信。就算是找得到，也断不会有什么好结果。

比方说，张三正在过生日，一个报信人忽然到了他家里。

张三当是客人来了，亲自去开了门："有何贵干？"

"我有一封信送给你，信上面说的是：

亲爱的张三先生：

恭祝吉庆，你结过婚很久了吗？请你今天正午到地方法院去谈一下。盼望你能够时常来看我们……

张三只好张大着口，不知道究竟是怎么一回事。但是你要知道，这可怜的报信人，头脑里装着几百封信，和机器一样地一封一封地传报，这机器的轴轮出了毛病，怎免得了不把给李四的信掺和在给张三的信里呢？

第二章　备忘录

我认识一个老头子，是一个挺勇敢、肯干事的人。有了八十岁年纪的人，像这样子，可以说是很少见的。他的两眼灼灼有光，两颊是玫瑰色的。走起路来像少年人一般矫健。

他一切都不坏，只是记忆力差了一些。当他跨出门的时候，他就已经忘记出去是干什么了。他永远也记不住别人的姓名。虽然我和他相识已是很久了，可是他老是用别人的姓名称呼我。

要是你托他办一件事，他必须三番五次地问

你究竟叫他干什么。这样还怕靠不住，他就在手帕上打一个结。他的手帕，老是打上五六个结。对于这位可怜的老人，这样做也还是没有用处。因为他从口袋里掏出那块手帕的时候，已经记不起每一个结是指什么事了。不错，这老头子的记忆力太不行了。但是就算全世界记忆最强的人，假如拿这种妙法当作书，他能够懂得半句吗?

可是我们那位老头子要是用另外一种方法打结头，比方打着各式各样的结头，每一种结头代表着一个字母，或者一个字，那事情就是两样了。不管谁，只要懂得这记号，就能够解释这“备忘录”是指什么。

实际上，人类在开始懂得文字以前，已用结头代替文字了。在中国，文字产生以前是用结绳代替文字的。鞑靼人、波斯人、墨西哥人、秘鲁人都懂得用结头做文字。秘鲁人所用的结头文字更来得巧妙。便是现在，秘鲁的牧牛人也还懂得结头打成的文字。

这文字并不用手帕，却是用一条极粗的绳子，上面挂满粗细长短不同的各种颜色的小绳子，看上去和旧式女人衣服上的流苏一般。

这些小绳子上面都可以打结。结头和大绳子越近，表示事情越重要。黑色的结头是指死亡，

一封绳子结成的信

白色的结头是指财富与和平，红色的结头指战争，黄色的结头指金子，而绿色的结头是指面包。

另外有不染颜色的结头，那是指数目：单结是指十位，双结是指百位，三个结头是指千位。

读这样的结头信，不是一件容易的事。那条总绳的粗细，以及每个结头怎样打法、打在什么地方，都有着各自不同的意义。

秘鲁的小孩子都应当学会一种“Kwipa”，就是“结头字母”，和我们的小孩子学英文字母ABC一样。

另外一些印第安人，例如休伦人和易洛魁人，却不用结头，而用五色的贝壳当作文字。他们把贝壳切成光滑的小片，用一根粗绳子穿成一副带子，这样就可以用作通信的记号。在这里，黑色也一样是凶兆，指死亡、不幸或某种威胁。白色是指和平，黄色指金子或纳贡[1]，红色指战

① 纳贡：进贡。——编者注

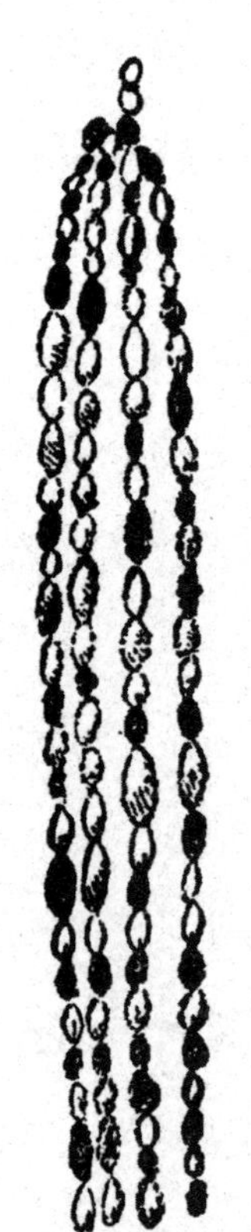

争或危险。

直到现在，这些颜色依然保存着原始的意义：白色表示和平，黑色用于丧礼，而红色象征起义。

至于海上的船舶，却有自己的文字——用桅杆上的旗号来通信，至今还是通行的。

还有铁路上用的红绿旗，这不是古代的颜色信号流传到如今的一个证据吗？

对于各种颜色的贝壳所指示的意义，要完全明白，也不是一件容易的事。印第安人的部落酋长都保存着整袋的各色贝壳。每年总有两次，那些年轻的易洛魁人会在森林中一个指定的地方聚拢来，由那些老年人口授各种小贝壳的神秘。

每次，一个印第安部落送信给另一个部落的时候，送信人一定在腰间系一根有颜色的贝壳穿成的彩带，印第安人称这彩带为“梵班”。

送信人到了别的部落里，就解开五彩斑斓的梵班，说：“酋长，听着吧。”

他每说一个字，就用手指着一个贝壳。假如不经过送信人的解释，单是梵班，是难以叫人理解的。

比方说，四个贝壳穿在一条绳上，一个是白的，一个是黄的，一个是红的，一个是黑的。这封信的意思就是说：“我们要和你们缔结同盟，假如你们愿意向我们纳贡的话。但是你们如果不纳贡，我们就向你们开战，我们要杀尽你们整个部落。”

但是这信也可以有完全不同的解释，譬如说：“我们向你们求和，我们打算献金子给你们。假如战争再继续下去，我们的人就全死光了。”

为了避免发生这样的错误，每个发信的印第安人必须亲自把梵班交给送信人，而且当面高声地念一遍。送信人必须一个字一个字牢记着，亲自把这信送给对方。要是中途换一个送信人，那就不行了。

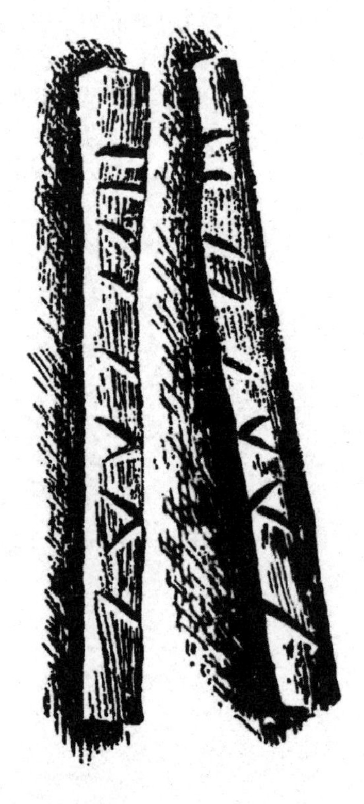

此外还有许多类似的备忘的方法。例如要记下牧场上羊的只数，或者仓库里麦粉的袋数，人们往往用一根木棒，在上面刻着横纹，代表数目。在现代，塞尔维亚的农民也还是用木棒，在上面刻着横纹，来当作收据或发票。

比方一个农民向麦商赊买了四袋半麦粉，他并不写收条，只用一根木棒，上面刻着四条长线、一条短线，这样就懂得是四袋半麦粉了。随后他把这木棒对半劈开，一半交给麦商，一半他自己保存。

到了要还款的时候，麦商取出那半边木棒，

和农民所保存的半边拼合起来，就知道农民应该还多少款，一点儿也不会有弊窦[1]。

木棒上刻线纹，也可以记日子。鲁滨孙漂流在荒岛上面，就用着这样古怪的历本。

① 弊窦：破绽，漏洞。——编者注

第二章 东西说话

必须是很乖巧的人，才能懂得结头和贝壳所指示的意义，可是据我们所知，还有别的更简单的方法，一样可以记录事情，可以传达音信。

假如一个部落要向别的部落宣战，只消送给对方一根矛枪或者一支箭就得了。因为接到了这样一份有血腥气的礼物，谁都会明白是什么意思。但如果是要讲和，那么照例是送烟叶子和一根烟筒。在印第安人中间，烟筒和烟叶子是象征和平的。当他们谈判休战条件的时候，各部落的

酋长们围坐在一堆篝火的四周。其中一个酋长点燃烟筒，吸了一口，递给旁边的一个，旁边的吸了一口，又轮流递过去，大家都吸了一口，这样议和就开始了。

在懂得写字之前，人们老是用各种各样的东西代表文字。从前俄罗斯南部有一个民族叫锡西

一封古代锡西厄人的信

厄人[1]。有一天，锡西厄人送一封信给波斯人，这封信不是用文字写的，只是几件东西：一只鸟儿、一只鼠、一只青蛙和五支箭。

这封古怪的信，说的是下面这些话：

波斯人哪！你们会像鸟儿那样高飞吗？你们会像鼠那样钻到地底下去吗？你们会像青蛙那样在田野上跳来跳去吗？要是你们都不会，那么就休想和我们打仗。你们的脚一踏进我们的领土，就会被我们的箭一个个都射死。

这和我们现在的通信方法比较一下，相差得多远哪！假如有一天，邮差送你一个包裹，你打开看时，并不是什么礼物，却是一只死掉的青蛙或者别的类似的东西，那你会有什么感想呢？

你会当作有人故意恶作剧，却不知道这一点

---

① 锡西厄人：公元前8世纪至公元前3世纪，古希腊的游牧民族，这个民族没有文字。——编者注

儿不是开玩笑，而是一封很重要的信吗？

但是从“东西说话”到“纸头说话”，这中间要经过一段很长很远的途程呢。

在很长一段时间里，人们都是靠东西来传达情意的。一根烟筒指和平，一根矛枪指战争，而一把张开的弓是指进攻。

从“东西说话”到我们的“纸头说话”，这中间相隔着几千年呢！

第四章　画图的文字

从前，有着很多通信和传递消息的方法，却还没有我们现在所用的方法——用字母拼成字，用字写成文。人们是怎样学会使用文字的呢?

这可不是一下子就学会的!

开头，人们用画图来代替写字。比方表示

“鹿”这个字，就画上一头鹿，表示“猎”这个字，就画上一个猎人和一些野兽。

原来，人类懂得画图已经很久很久了。古时候，长毛巨象和北方的特种野鹿成群结队，出没于现在伦敦和巴黎所在的地方。那时人们还住在洞穴里面，已经懂得在洞壁上刻画各种各样的图画了。

这些人全是猎人，因此他们所描绘的全是野兽和打猎时的情景。他们都能画得惟妙惟肖。古时候有很多兽类，现在早已绝迹了，但是因为留

下了这些画像，我们还能想象出古代巨兽的模样。

有的画着一头野牛，侧头向着那追逐它的猎人。过去一点儿，是一头巨象。也有的画着一队野鹿，见了猎人追来，慌乱地奔窜。

在法国和西班牙史前时代的洞子里，时常能发现那类图画。

这些图画说的是什么意思呢?

这些大半可以代表史前时代人类的信仰。和后来的印第安人一样，那些穴居时代的欧洲人，都相信他们是野兽的后裔。印第安人的部落，有的名叫“野牛”，就因为他们相信自己是野牛的子孙；有的名叫“狼”，就因为他们相信狼是他们的祖宗。

同样，欧洲穴居的人们，在洞子里刻画的兽类，代表着他们想象中的祖先，也就是他们部落的保护者。

但是还有别的样子不同的图画呢。比方画着

一头野牛，身上穿过一根矛枪，画着一头鹿，身上中了几支箭。在洞子里画上这些又是什么意思呢？这是一种镇压术，想借这些图画镇压各种猛兽，叫它们不敢侵入冬天人们蛰居的洞穴。原来，原始部落往往有很多的“魔法”：比方要征服敌人，就先在洞里画出敌人受伤的模样，满身中箭或中枪。

我们距离史前时代已经有好几千年了。从地底所发掘的骷髅（kū lóu）看起来，史前时代的人类，与其说是像人，还不如说是像猴子。他们和我们相离得很远很远。

要不是有这些图画遗留在洞壁上面，我们就不会知道这些原始的人思考些什么，信仰些什么。

自然，这些图画还不能算是文字，而且也不是在用图画记录历史。不过，这就已经相差不多了。

下面就是一幅画成图的历史。这是刻在美洲

苏必利尔湖[1]旁的石壁上面的。

这幅图画并不难解释。

这就是说：五条长的独木船，上面乘坐着五十一个印第安人，渡过了苏必利尔湖。骑马的人是酋长，此外乌龟、鹰、蛇以及别的兽类代表各部落的姓氏。这次渡湖，一共费了三天三夜的时间。因为上面画着三个太阳，太阳上面三条弧线代表天。

---

[1] 苏必利尔湖：世界上面积最大的淡水湖，美国与加拿大共有。——编者注

一位英国的老作家曾经在他的书里讲过下面一段故事，在这段故事里，这类图画有一个重要的关键。

失踪的探险队

“这是一八三七年的事。”那位船长开始说，“那时我还很年轻。我在航行于密西西比河的‘乔治·华盛顿号’上做事。这‘乔治·华盛顿号’后来因为气锅炸裂沉没了。

“有一天，在新奥尔良[1]这个地方，有一群旅客上了我们的船。这是一个探险队，到森林和沼泽中间去探察的。这些森林和沼泽现在都已没有影踪了。

“这些探险队的队员，个个都年轻、热情，除了他们的队长。那队长已经上了年纪。他是探险队中唯一正经的人。他不爱开玩笑，整天只坐

① 新奥尔良：美国路易斯安那州南部的一座海港城市。——编者注

在墙角，在日记本上写笔记，一看就知道是受过教育的人。此外呢，尤其是那些护送探险队的兵士，却只爱大笑和喝酒。

“到了探险队登岸之后，我们这船上立刻就觉得冷清清、空洞洞的。起初我们还时常谈到这些探险家，日子久了，我们也渐渐忘怀了。

“过了三四个月后——或者还要久些，我现在已记不起来了——我在别的一条船‘梅都斯号’上做工。

“有一天，船上有一位客人，是一个灰色头发的老头子，向我问道：‘你就是约翰·基普斯吗?’

“‘是呀，先生，就是我。’

“‘我听说你曾经是“乔治·华盛顿号”的船员，是不是?’

“‘是的。但是这和你又有什么相干呢?’

“‘那就好了。’他回答道，‘我的儿子汤姆曾经坐过那条船，跟着探险队在一起。他和所有探

险队的人员后来全失踪了。到处都找遍了，可是至今找不到。现在我自己去找。无疑，我的儿子一定是害病了。’

“我瞧着那老人，很替他难过。走到这些森林里去，很容易害热症，而且也会被印第安人杀死。于是我就问他：‘怎么，你独自去那里吗？’

“‘不。’他回答道，‘我想有人陪我同行。你是不是能给我找到一个能干的人呢？我愿意出很多的工钱给他。若是必要，卖掉我的田庄也甘心……’

“我思索了一会儿，答道：‘如果我有用处，我就陪伴你去吧。’

“到了第二天，我们就上岸。我们备办了粮食，买了手枪、步枪和帐篷，还雇了一名印第安人作为向导。

“我们向本地土著详细问明了情形以后，就起身赶路了。

“我们一共走了多少里路，是很难说了。我算是一个生得很结实的人，可是那时我已差不多精疲力竭了。那地方又潮湿又泥泞。我几次想法子，劝那老头儿不要再往前走了。

“我向他说：‘我相信我们一定走错路了。要是那探险队是打这条路经过的，我们一定能够找得到一些痕迹。可是我们在这条路上走了这么多日子，也不曾看见过火堆的痕迹……’

“那向导也和我意见一样。

“那老头儿禁不住我们几次劝告，差不多已决定不再前进了。可是忽地，他又改变了主意。你知道为什么吗？原来是因为一粒铜纽扣！也就是这粒纽扣，才送掉了老头儿的一条命啊！

“有一天，我们在中途停下来，想在林子中间找寻一块空地过宿。那印第安向导和我刚点着火堆正在准备搭帐篷，老头儿在一棵树前席地坐着，忽地嚷道：‘约翰！看哪！一粒铜纽

扣……’

“我走去瞧了一瞧。这当真是一粒铜纽扣，是那时候兵士用的。

“那老头儿失了魂似的，一面哭着，一面唠唠叨叨地说：‘这是我的汤姆的纽扣哇，他身上的正是这样的。现在我们快要找到他了。’

“我就和他说：‘怎么一准是汤姆丢的纽扣呢？不是一共有八个兵士吗？’

“‘唉！’老头儿回答道，‘不要再说这些了，我一见就能分辨出来。’

“我们只好继续往前找寻。这样又赶了三天的路，老头儿打定主意，绝不回原路了。我知道再劝也没有用，索性也不劝他了。

“一粒纽扣原不值什么，不过是一个线索。

“第二天，那老头儿害了热病。虽然他遍身打着寒战，可是他绝不想躺下去。

“‘我们得赶快走哇。’他说，‘汤姆等着我呢。’

“到了最后，他已经站不住，便倒在地上不省人事。我服侍了他两三天，和服侍我的父亲一般，我和他实在太熟了。但是一切都已不中用。

“他死时手里还紧紧捏着那粒铜纽扣。我们把他埋葬在他断气的地方，然后起身回去，不走原路，而是打另一条路走。

“就在那时候，出乎意料，我们居然发现了那支探险队的踪迹。首先是找见了火堆烧过的痕迹。过去一点儿，又找到一面小旗。随后，最有意思的，是寻见了一片树皮。这树皮我至今还保存着。这里就是。”

说着，那船主就取出一个小盒子，盒子盖上镶嵌着三支小桅杆。他打开盖，取出了一片枫树的皮，皮上面刻着图画，就像你在下面看到的那样。

“这图画，”船主继续说，“是一个印第安人刻上去的，这印第安人是探险队所雇的向导。看上去，探险队那一群人离开大路已很远很远，在森林中迷了路，走了好久也出不来。那印第安的向导照着他们部落的习惯，就留下这封‘树皮信’，好叫过路的人知道他们的行踪。

“这信是钉在路旁一棵树上的，远处一望就看得见。

“我那向导就解释这信上说的是什么：上面飞的鸟指示去向。八个人和旁边的八支枪，是指八个兵士，可怜的汤姆也在这里面。六个小人是探险队员，其中一个手捧书本的就是他们的队长

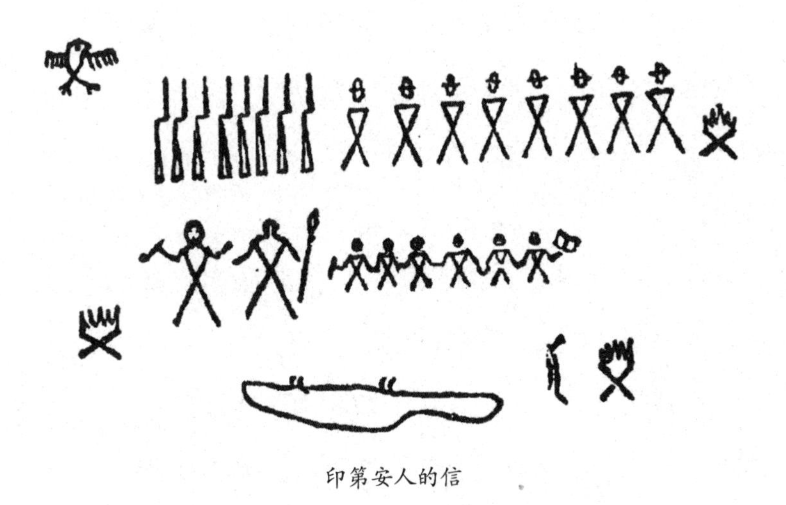

印第安人的信

了。拿着矛枪的和拿着烟筒的是两个印第安向导。三个火堆表示他们经过的地方。一只身子翻天的海狸，是表示其中一个名叫海狸的人已在中途死了。

“我得到了这个重要文件后，决定继续找寻。

“我们沿着那条路走，一星期后，我们遇见了那支迷路的探险队。

“这事情已过去好多年了。可是每次我见了这片树皮，总记起那老头儿和他那粒铜纽扣。”

在印第安人的坟墓上头，我们时常看见一些石墓碑，这石碑上面总是刻着一些动物，这些动物不是代表死者的姓氏，便是代表全部落的姓氏。

例如这块墓石，刻着鹿的图像。从这图像里，我们就会明白这死者的全部历史。

死者的姓名，一定是叫“快脚鹿”或诸如此类。这人是一个猎夫，以猎野鹿著名。单看那只

死鹿下面的野鹿就知道。他参加过许多次探险，打过数次仗。在墓石两旁的横画是表示次数，最后一次出战，打了两个月。因为墓石中间有一柄斧头，斧头下面是两个月亮。两个月亮下面，有一头四脚翻天的鹿，是表示打了两个月的仗以后阵亡了。

凡是野蛮人一生所干的事情，差不多都描绘在他的身体上面。在身上刺着各种各样的花纹，这几乎是各部落共同的习惯了。波利尼西亚群岛[①]上的土人，规定身上的花纹都有一定的意义。在胸部刺一个可怖的怪脸相，这是代表神的头，只有酋长有权力刺这个图案。凡是身上画成线条或方框的，线条的数目是表示参加战争的次数。此外，刺成白色弧线和黑

① 波利尼西亚群岛：一般指波利尼西亚。太平洋三大岛群之一，位于大洋洲，意为“多岛群岛”。——编者注

色圆圈的，这弧线和圆圈的数目是表示战胜敌人的次数。

在身上刺花纹的习惯，在我们看来，自然会觉得可笑。但是在自称文明而且受过教育的白种人中，也有许多人和波利尼西亚群岛上的土人没有两样。

文身

当真地说，这些白种人，并没有在身上刺图案，可是他们带着各种各样的标记，例如金灿灿的肩章、绶带、宝星奖章、勋章，以及镶着羽毛和鹰的头盔之类。

这些标记无非表示他的爵位、官衔和武功，那不是和野蛮人身上的花纹一个意思吗?

第五章　谜的文字

古代埃及的庙宇和金字塔的壁上，到处都刻画着许多神秘的图案。这些图案在现代人看来简直是一个个谜。各国学者费了许多年去研究，只是要猜透这些哑谜。

这是很容易明白的。这些图画全是画着干各种各样工作的人：有的是一些誊录手，手上捧着纸卷，耳上插着一支羽毛笔；有的是一些贩首饰、贩香水、贩糕饼和贩鱼的商人；又有的是制造酒杯的工人，张着口在吹着玻璃的溶液；也有那些镶嵌手镯和打金戒指的珠宝匠；再有些武

古埃及纪念碑上的雕像

士，手持皮盾，排着队伍，在埃及皇帝的銮驾前面奔跑。

看了这些图画，我们便不难想象，古代埃及的工匠是一副什么模样，商贩们怎样在市场上做买卖，皇帝的銮驾仪仗到底是什么场面。

这些图画，自然叫我们一看就明白几千年以前人们的生活，可是在这些图画旁边还有很多的花纹记号，指的是什么意思，那就不太容易了解了。

这些埃及人的造像，雕刻着蛇、鸱鸮（chī xiāo）、鹅、鸟头狮子、荷花、手、脚、盘腿坐地的人、两臂高举在头上的人、甲壳虫、棕树叶，等等。这些图案全是用极细的工笔勾画成，和书本上面的文字一样。在这中间还有许多几何图案，如正方形、三角形、圆形、弧线之类，多到不能计数。

这些神奇的符号——也可以说是象形符号——所记录的全是千百年的埃及历史和那时候

埃及人的风俗习惯。

虽然各国学者下了无数苦功夫，这些象形符号的意义还是没法找出来。便是古代埃及人的后裔科普特人也都不懂得，他们老早就把祖先的文字忘掉了。

可是到了最后，人们到底发现了象形符号的秘密。

一七九九年，一队法国兵士奉了拿破仑·波拿巴[①]将军的命令，在埃及海岸登陆。这些兵士在罗塞塔城附近挖掘战壕的时候，无意中发现埋在地底的一块大石碑，这石碑上面刻着两种文字：希腊文和埃及文。

当时的学者们有了这个发现，是怎样地快活呀！

他们找到解开象形符号的钥匙了！很明显，只消拿希腊文和埃及文对照一下，象形符号的谜

① 拿破仑·波拿巴（1769—1821）：即拿破仑一世，19世纪法国伟大的军事家、政治家，法兰西第一帝国的缔造者。——编者注

发现了解密象形文字的钥匙

就能完全猜透了。

可是结果依然是一场失望。

当时的学者以为埃及文是用图案构成的，每一个图案代表一个字，因此只消拿每个图案和每个希腊字对照就得了。谁知这依然找不出什么东西来。

这样又经过二十三年的时光。要不是那位法国学者商博良[1]的发现，也许我们至今还不知道象形符号是怎么一回事呢。原来商博良首先发现，有许多象形符号的外面围着一个长方形的框（见下图）。和希腊文对照起来，在这框的中间，就有PTOLMEES这个词，是古代一位埃及皇帝的名字——“托勒密”。

假定这是对的，那么只消把方框中的每个象形图案，和PTOLMEES这些字母对照起来就得了。

这一对照，便得到了下图的结果。

可是这还算不得数。也许这些符号代表别的

① 商博良（1790—1832）：法国著名历史学家、语言学家、埃及学家，是第一位破解古埃及象形文字结构并破译罗塞塔石碑的学者，从而成为埃及学的创始人，被后人称为“埃及学之父”。——编者注

东西，也不一定。这须再经过一次核对证明才好。

运气真好，正在那时，菲雷岛上又发现了一块古代石碑上面也有着希腊文和埃及文对照的碑记。

在这块碑上，也有几个地方是加着方框的，框里面的象形符号，商博良早已认识了几个。所得结果如下。

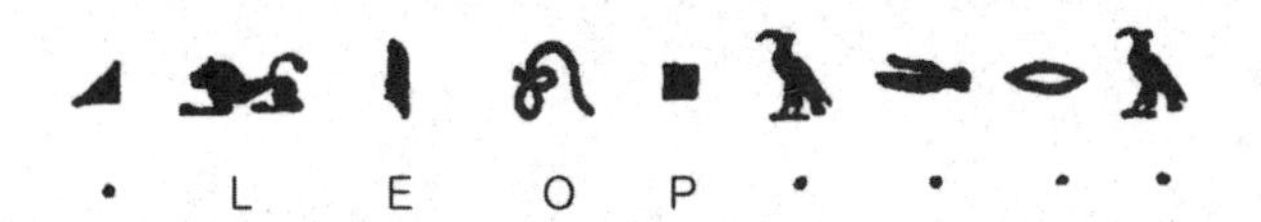

这里一共是九个象形图案，四个已明白了，

还有五个不知道。他因此就拿希腊文一对，在同一处地方，他看到了“KLEOPATRA”这个词。这样，他高兴得不得了，不但查出了这不认识的五个字母，而且证明他的推测是完全正确的。

原来每个图案，并不代表一个词，只是代表一个字母，而把整个框子里的字母拼起来，才成为一个词。从这两个框中的图案里，商博良已认识埃及文的十个字母了，就是：P、T、O、L、M、E、S、K、A、R。

可是，他用这些字母去解释那些不在框子里面的图案，依然得不到结果。

对于没有框子的图案，又费了很多的时间，才算弄明白。

原来，埃及人只有写专有名词（人名、地名）的时候，才用字母。此外的词却有各种各样的写法。埃及的文字像画谜一样，有的象形符号是代表整个词，有的代表一个词中间的一个音节，又有的是代表一个字母。例如：

U V A N I 有 书 O par O vos ah

这些图中有代表字母的，如上面画的一个直角代表字母“U”，一把叉代表“V”，一架竖琴代表“A”，一条腿代表“N”，一根针代表“I”，一扇窗代表“O”。有代表音节的，如上面画的水汽代表音节“par”，马车代表音节“vos”，两手高举的姿势则代表“ah”。又有代表整个词的，如上面画的一本书，就代表一本书。但埃及文的“有”字，图上画的是一个人在吃东西的样子，可是意义不是“吃”而是“有”。这是特别要注意的。

为什么要有这么多的麻烦呢？原来，在埃及文中，同音词是很多的。例如甲壳虫，埃及文叫作hpr（埃及字母只有声母，没有韵母），但是“是”这个词，也叫作hpr。所以写“甲壳虫”这个词的时候，就不用字母，而画上一条虫，以免和“是”这个词混同。

下面是埃及象形字的一些例子。

最初，埃及人也和印第安人一般，用图画当作文字。这样的时期延续了很久，后来慢慢地用缀音来替代图画，最后才渐渐变成字母。我们现在所用的字母，就是从这些埃及字母逐渐蜕变来的。

这样，从图画到文字，中间经过了几千年。

为什么有这些变化呢?

因为人类的生活在变化着。最初是游猎部落，后来逐渐知道种植和畜牧，又到后来，有的人变成了商人和工匠。一个养牲畜的人，自然不会把他的每一头母牛都画成精细的图样。他只用一个记号，记着各种牲畜的数目就够了。商人也

不会把他所有的货品一一描画出来，他早就知道用一种记号来记录一种货品。用一种特殊记号当作财产的标记，就是从这时候起头的呀！

这样，记号慢慢地替代了图案。埃及人的文字中间还有许多图案。波斯人和巴比伦人的文字就没有图案了，只有些笔画和线条。波斯人和他的邻居巴比伦人一般，用尖头的小棒在泥土制的砖上写字。因此笔画非常工细，而且

带着楔形，所以一般称古代波斯文为“楔形文字”。

经过了很多年，没有人能懂得楔形文字的意义，对于这种古怪文字的索解，几乎已绝望了。恰在这时，解释楔形文字的钥匙却被找到了。

这是一位德国的教授格罗特芬[1]发现的。

这发现可不是一件容易的事。因为他手头并没有两种文字对照的碑石。

格罗特芬研究古代波斯王的墓石，发现每一块墓石上都有同样的字。他就假定这些字是指“波斯国王”或者类似的字样。

因此，在这些字的前面，一定是国王的名字了。例如：“居鲁士，波斯国王。”

有一块墓石上，在这些同样的字的前面，是七个楔形符号。

---

① 格罗特芬（1775—1853）：德国语言学家，1802年首先破译出十几个古波斯楔形文字，为解读古波斯文字奠定了基础。——编者注

格罗特芬知道波斯历朝国王的名字，如居鲁士、大流士、薛西斯、阿塔泽克西兹等。他一个一个地试拼着。

只有大流士这个名字，是七个字母拼成。对照楔形字母如下：

D A R I V U CH

于是他懂得了楔形文字的七个字母。

用这七个字母，他又读出了另一个词：KCHIARCHA。

K CH I A R CH A

只缺少第一个字母。但不难猜出来，这个字母是念“K”，因为整个词就是波斯国王薛西斯的名字：KCHIARCHA。

于是这个谜又被猜中了！说也奇怪，格罗特

芬和商博良一样，都是从古代国王的名字上找到秘诀的！

后来，格罗特芬又发现了别的字母。他照着开头那样，假定“波斯国王”这几个字之后应该是国王的尊号，因此译出了下面的句子：

大流士，大王，众王之王，波斯国君，人民之王。

古代波斯文就是这样研究出来的。但是有一点要补充，楔形文字并不是波斯人发明的，波斯人是从巴比伦人那里学来的。

巴比伦人也和一切古代民族一般，最初只会用图案当作文字。

可是在泥土制的砖头上描图案，是很不相称的。因此他们所做的图案，一个个都变成楔形。例如，画出来的圆形，慢慢都变成方形。下面就是巴比伦人的象形字：

用得久了，巴比伦人就不用每个图案代表一个词，只代表一个缀音。后来波斯人又把楔形符号简单化，每个图案只代表一个字母。

但是这些字母要等到几千年之后，才有人发明怎样读，你想奇也不奇呢？

自从商博良和格罗特芬破解象形符号和楔形文字的哑谜以后，人们学到了多少有意思的新东西呀！

可是这些文字的谜，到现在还不能说已经完全被猜透了。直到目前为止，还没有人能够解释叙利亚和小亚细亚一带石狮子和狮身人面像斯芬克司上面刻的那些文字。这些地方原是神秘的赫梯王国的领土。这个王国的建立，还在埃及以前，到现在我们只能从埃及人那里知道一些赫梯民族的历史。可是必须等到我们学会了赫梯文以后，才算真正知道这个民族的过去。而且，就算把这些古怪文字，像翻译电码那样一个字一个字地翻译出来，也还是不够。如果商博良不懂得科普特民族的文字，他也不会懂得古代埃及的刻石，因为科普特人是古埃及人的后代，所以从科普特文字里，才能知道一些古代埃及文的大概。

还有古代意大利的伊特鲁利亚人的文字，至

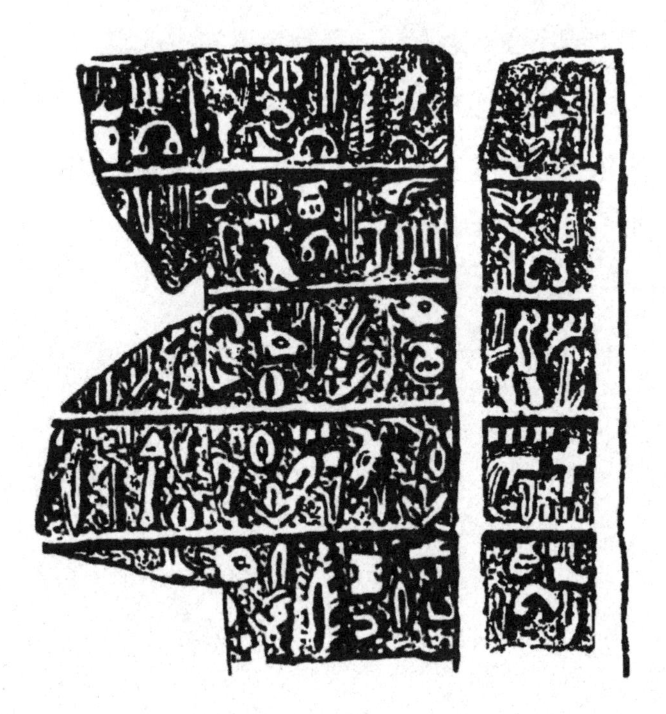

今我们还是一个都不认识。

伊特鲁利亚人所用的字母和希腊字母十分相像，所以照着希腊字母，很容易把这种文字念出来。可究竟是些什么意思呢？没人懂。所以这种文字，不知道要再经过多少年，才会有人懂得，或者永远没有人懂得。

你想，我们发现了这些古文字，能读出声音，却不懂得意义，这是何等不幸啊！

此外又不知道有多少文字的谜，要等待我们来解答。在我们这一生中，又不知道要新发现多少古代的文字呢！

第六章　文字搬家

许多种画图的文字，慢慢地都变成了记号的文字，可是直到我们现在，有好些地方，还照旧用着象形文字呢。

中国人发明纸、火药、陶瓷和印刷，比欧洲人早。中国人使用象形文字，也要比别的民族更早些。可是直到现在，中国的文字还没有蜕去那象形文字的外壳。

在欧洲，用象形文字的地方也还多着呢。

比方在公共地方，画着一只伸出指头的手表示道路的方向，电线杆上画着代表闪电的线，药

瓶外面画着一个骷髅。这些图画原来就是当作文字使用的，意思是说："往这里走！""当心电线！""内藏毒药！"

但是把象形文字的样子一直保存到如今，没有变成拼音文字的，只有中国的汉字才如此。

现在中国人用的汉字，也不能算是完全象形的了。因为要是把最初的画图文字一直沿用到如今，写一个"日"字，就画上一个太阳，写一个"马"字，就画上一匹马，写一个"舟"字，就画上一只船，不用说，抄写的人太费气力，就是读书的人，也会读得头晕眼花呢！

因此，汉字也在时时刻刻变换着花样。越到后来，笔画便越是简单，离真正的象形文字也越遥远了。

假如拿现在中国孩子们所念的书来看，你会相信这些字全是画成的图形吗？

自然，你更不会相信欧洲人现在的文字，当

初也是一个个的图形呢！

大篆	□□年前用的字	
篆文	□□年前用的字	
隶書	□□年前用的字	日 月 山 水 火 木 犬 馬
楷書	現在書上的字	日 月 山 水 火 木 犬 馬

汉字的演变

但是，现在欧洲人所用的文字，是从象形文字转变而成，这是千真万确的事实。

从象形符号变成现在一般所用的文字，这中间的道路是很长很长的。正像一个猎人，从野兽的脚印，一步步去追寻那野兽藏身的所在，研究文字的学者们也从现代文字，一步步去追寻古代文字的踪迹。这样才寻到了从象形文字到现代文字的一条漫长的路径。

原来我们现在所用的文字[1]，是从这边搬到那边，搬了无数次的家，才搬来了我们这里。你只消翻开地图，就可以指出我们的文字是打哪一条路搬移过来的。

我们的文字，原籍是埃及。埃及人经过了一个长久的年代，都是用图画来表现思想的。可是后来到了一个时期，埃及人知道完全靠图画不够表现思想了。

问题就出在记录姓名这一件事上面。假如一个人的姓名是指一件什么东西，那就很容易画出来。印第安人就这么干。印第安人有名叫“大海狸”的，只消画上一只海狸，人家就懂得是指谁了。又比方是一个姓“李”或姓“钱”的，画上一枚李子或一枚道光通宝，就很明白了。要写上“茅盾”的姓名，我们可以用下图来代表。可是遇到“夏丏（miǎn）尊”就不好办了。再如遇

① 现在所用的文字：这里指欧洲文字。——编者注

到姓“赵”的、姓“周”的、姓“于”的、姓“潘”的，根本就无法描画出来。

古代埃及人用图画当作文字，最后就遇到了这样的困难。

因此渐渐地，埃及人想法子创造出了字母。埃及人原来就有几百个象形字，这些象形字有的当作一个词用，有的当作一个缀音用。除了这几百个象形字，埃及人又创造出二十五个记号。这二十五个记号并不像我们所用的字母那样，仍是描绘出来的一个个的图形。

这事情很简单。原来，埃及语言里有很多单音的词，例如“嘴”就叫“ro”，“席子”就叫“pui”，“地方”就叫“buo”。但到了后来，“嘴”的象形字，不仅代表嘴，而且当作了“r”这个声母。“席子”的象形字，不仅代表席子，而且当作了“p”这个声母。“地方”的象形字也不仅代表地方，而且当作了“b”这个声母。因此，一部分象形字就一变而为拼音记号了。

可是埃及人对于使用拼音记号，到底还是感觉到不方便，所以一面采用新法，一面仍旧保存他们的旧习惯。他们往往在一个拼音记号旁边，再加上一个图形。

比方“th”这个记号是代表“书”的，可是埃及人老是在这个记号边上画上一卷书。“ah”的意思是一条鱼，但在这记号边上往往再画上一条鱼。

埃及人舍不掉象形字，不仅是因为习惯如此，还有别的原因。原来，埃及的语言和中国的语言一样，单音的词很多。要是完全用拼音记号来写，那么有很多词，写出来完全会变成另一个样。所以，为避免错误起见，许多记号的边上，必须再加上一个象形符号才好。

要是“书”的拼音记号边上不画上一本书，“鱼”的拼音记号边上不画上一条鱼，就会发生很多错误。原来埃及人只发明了声母，却忘记了韵母。比方“甲壳虫”这个词，他们就写作“hpr”，这三个全是声母，没有一个韵母。这样的文字，假如在边上没有象形符号，自然不容易认清了。

因此，埃及人虽然创造了拼音文字，可是并没有创造真正的字母。在埃及庙宇的壁上和埃及人所留下的芦叶纸上，我们看到了各种各样的象形图案，其中有的代表一个词，有的代表一个缀音，有的又只代表一个声母。所以真正的字母，在古代埃及文里还不存在。

发明真正的字母的，不是埃及人，而是埃及

的敌人——闪米特人。

大约在四千年之前，埃及被闪米特人中的希克斯人进攻、征服，他们从东方侵入了尼罗河流域。

希克斯的国王统治埃及有一世纪之久。

从埃及的许多象形字和图案中间，希克斯人挑选了二十多个，而且把这二十多个象形字改成了简单的记号。这样就产生了现代字母的老祖宗。

但这些最初的字母，依然没有脱离象形的痕迹。希克斯人称“公牛”叫“Aleph”，因此画了一个牛头，就成了字母“A”。“房屋”叫“Bet”，因此画上一所房屋的雏形，就算是字母“B”。“人”叫“Rech”，因此一个人头就代表了字母R。

请看上页的三个图形，谁相信这就是A、B、R三个字母的原形呢?

就是用这样的方式，希克斯人创造了二十一个字母，其中有声母，也有韵母。字母的形式，是从埃及象形字中摹下来的，不过简单得多。

世界上最初的字母从此就在希克斯人的王宫里问世了。

过了一世纪以后，埃及人终于推翻了“外族统治”，获得民族解放。希克斯王国这名称，从此永远消失了。

可是他们所创造的字母，在埃及以北的地中海沿岸各国到处流行着。地中海沿岸的闪米特人部落、腓尼基的航海家、犹太的农民和牧人，依旧保守着他们的祖先希克斯人的文字。

腓尼基人是惯于航海经商的民族。他们的船只在希腊海岸一带往来不绝，从塞浦路斯岛起，一直到直布罗陀海峡为止。他们到了一处地方，

便把商品陈列在岸上：贵重的项圈哪，斧头哇，剑哪，玻璃杯呀，金杯呀。他们用这些东西交换皮毛、布匹和奴隶。

他们所到的地方，除带去他们的商品以外，同时也传播了他们的文字，那些和腓尼基人做交易的人，也都学到了他们的字母。

这样的拼音文字从腓尼基人所居住的费拉岛，不久就传到希腊的腓尼基殖民地。但这已经不是希克斯人在埃及所创造的那种文字了。腓尼基的商人没有闲工夫来细心描绘那些曲折的图形。那些公牛哇，蛇呀，房屋哇，人头哇，已经脱胎换骨，变成另一种样子了。

后来，这腓尼基人所创造的文字，又从希腊搬到意大利，从意大利搬到我们这里①。

可是离开了腓尼基以后，文字并没有立刻搬动。它在希腊中途休整了两千年之久，才开始向

① 我们这里：指苏联，于1991年解体。——编者注

北方搬移。这段时间，它们的变化更大了。

这样，埃及的文字经过了希腊、意大利，搬到北欧，从北欧又搬到俄罗斯，这中间经过了四千年之久。沿途所遇到的风霜雨雪、困苦艰难，那是不消说了。

它完全变了本来面目：有的时候面朝左，有的时候面朝右，有的时候仰面朝天，有的时候又俯身向地。它曾经乘坐过有“十三个座位”的腓尼基的船只，它曾经骑在奴隶们的背上行走。有时它被藏好在盛芦叶纸的圆筒里，有时它又被装在修士们的背囊里。

这一路，它丢失了许多。

可是，在路上也找到了许多新的伴侣。

临了，这些文字，算是被搬到了我们这里，可是已经变得面目全非，相见不相识了。现在如果要找到这些文字的原形，那必须把埃及的象形文字、在西奈半岛的哈托尔女神庙里所发现的希克斯文字，以及腓尼基文字、希腊文字、斯拉夫

文字、俄罗斯文字等各种欧洲文字，都放在一处对照一下，才有办法。

把这些文字对照起来，你会发觉公牛的头已变成了一个“A”，头上原有的两只角，却放到下面来了。此外的许多字母也都转变成和原来完全相反的方向。

这是什么缘故呢？原来腓尼基人写字，是从右到左的，而现在欧洲人写字，是从左到右的。

最初希腊人学会了腓尼基人的字母，也是从右写到左的。随后，变换方法，第一行从左写到右，第二行从右写到左，第三行又从左写到右。可是这样的写法很不方便，后来索性完全从左写到右了。所以从左到右的写法，还是希腊人首创的。

因为希腊人把从右写到左的习惯，改为从左写到右，字形的方向也就跟着改变了。

所以文字和堆在车站上的货物一样，有的时候横堆着，有的时候竖堆着，在装到车厢里以前，它的位置是随时可以转变的。

埃及文
希克斯文
腓尼基文
古希腊文
圣西里尔时代的希腊文
斯拉夫文
现代欧洲文
公牛
房屋
角
门户
人的呼声“喂”
橄榄
棕榈
绳子
水
蛇
眼睛
嘴
人头
山
十字
A
B
G
D
E
Z
K
L
M
N
O
P
R
S
T

字母的演变

但是从左写到右，到底为什么一定比从右写到左更合适呢?

有的文字从右写到左，有的从左写到右，中国人却从上写到下，这中间的差别在哪里呢? 为什么又有这些差别呢?

事情是这样的。创造我们的文字的埃及人，起首也是从上写到下，和中国人一般。

当时的誊录手，左手拿着芦叶纸，右手写着。这样自然是从右面开始写要便当些。不然，从左面起首写，有他的左手挡着纸面，多不方便哪。

因此照埃及人的写法，这本书的名称应该这样写:

可是这样的写法也不能称心如意。写字的人写完了右面第一行，往左写时，往往会把第一行没有干的墨揩掉。中国人一向从右写到左，有一个道理，因为中国的墨干得很快。但埃及的墨是用煤烟、植物膏汁和水混合制成的，干得很慢。

为了避免这个困难，当时的誊录手就由竖写改成横写，这样写字的右手就不会揩去上面一行没有干的墨。可是从右写到左的习惯仍旧没有改，因此假如写这本书的名称，就变成这一个式样：

到了希腊人写字的时候，从右到左，终究感觉到不方便，所以最初改成下面第一个式样，后来又改成第二个式样：

第一个式样

第二个式样

这第二个式样，横行从左写到右，后来便由欧洲各国共同采用了。可是希伯来文（犹太人用的文字）和别的几种文字，至今还是从右写到左的。

上面我们说明了文字从埃及搬到俄罗斯这中间所经过的途程。但实在说起来，埃及的象形文字是向全世界各处分头奔跑的。上面说的不过是其中的一条路罢了。它不仅往北走，而且也往西走，走到意大利，就变成了拉丁字母。

此外，它更向东走，到了印度，到了暹罗[①]，

① 暹（xiān）罗：泰国的旧称。——编者注

到了波斯、亚美尼亚，到了格鲁吉亚，到了中国西藏，到了朝鲜半岛。可以说，世界上没有一种字母不是从埃及字母演变来的。

这已经够奇怪了。说到数字的历史，却更奇怪呢！我们惯常书写的那些数字，其实也是从象形文字或图画文字变来的，你会相信吗？

原来经过一段很长久的时间，人类只知道用指头计数。

比方要说一，就伸出一个指头，说二是两个指头，等等。伸出一只手的指头，就是五，两只手就是十。但若是要说出比这更大的数目，那就得把两手翻来覆去，和风车一样。不知道的人一定以为是在扑苍蝇，谁知他是在计算数目呢！

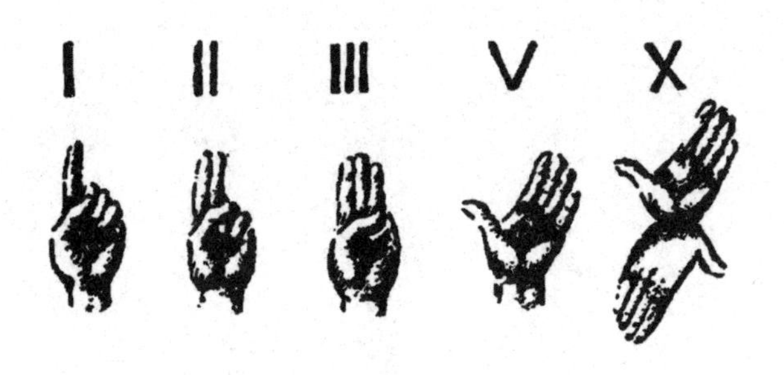

这用指头计数的方式，后来就成为记录数目的方式。在罗马人所用的数字里，Ⅰ、Ⅱ、Ⅲ就是画上一个、两个、三个指头。V是表示张开一只手，X是表示张开两只手，这样就成为五和十。

不单是罗马数目字，就是我们现在所用的1、2、3……也是从指头变来的。

1是一个指头，很容易明白；2本来是两横画；3本来是三横画；4本来是四根棍子，交叉成十字形；5是一只伸开的手掌。

但是和文字一样，数字后来写得多了、快了，就变了原来的样子。因为写的时候，每个笔画连接起来，逐渐就变成现在的样子。

从手势演变成阿拉伯数字

可是我们现在所用的数字，距离象形字还不算很远。至于1、2、3、4、5以外的数字，更容易明白，是这五个字加起来成就的。其中最有意思的，是关于“0”的故事。

“0”就是没有，就是空孔。可是人类发明了写“0”的方法，这中间又得经过长久的年代。

可以说，这个“0”的发明，和汽船或电话的发明一样重要。

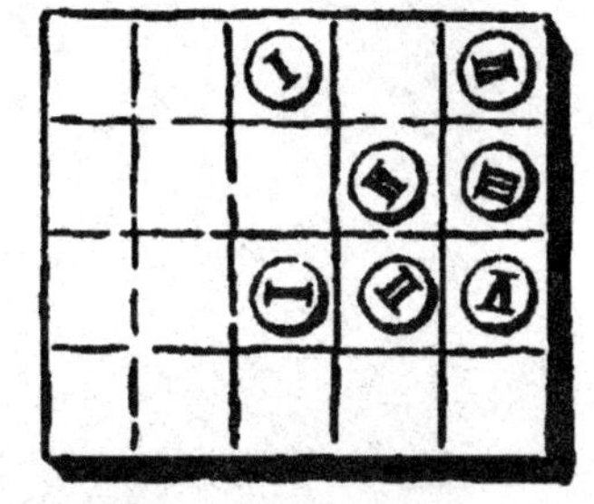

在起头的时候，人们不知有什么“0”。计算的时候，是用一块小板，上面画成方的小格子。每个小方格里，预备填上数字，外面加上一个圆圈。比方计算102+23，就照右图的办法，把中间没有数字的位置空出来。

希腊人就是用这种小板当作算盘的。希腊人还不知道写数字。他们用希腊文的第一个字母代替1，第二个字母代替2，其余类推。因此要是

没有这一种算盘，计算是很困难的。比方 PI+LAMBDA或NU+RO，你想多么困难呢？

希腊人长于心算，算出来后只记上答数就是了。

但是不久以后，希腊人为方便起见，就用普通的桌子当作计算板。桌上没有方格，记数目的时候，就画上一排圆圈。把数字填在圆圈当中，假如遇到位置是零，就空出那个圆圈，不填上数目。就像①○②。到最后写在纸上的时候，这空白的圆圈，就成为我们现在所用的“0”了。

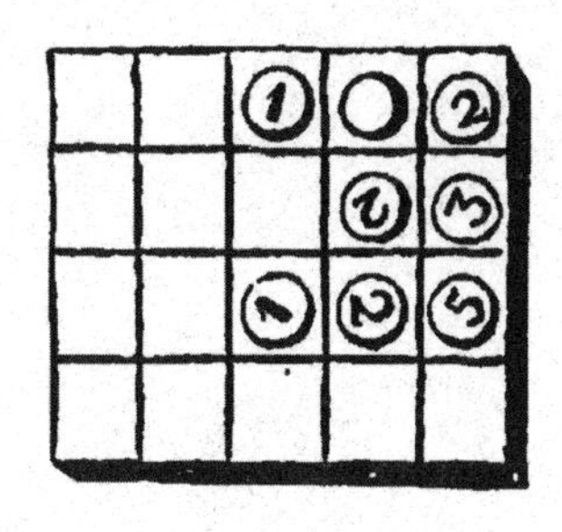

在俄罗斯和中国，现在还用一种算盘，和希腊人的计算板相似。不过算盘上没有“0”，遇到“0”只是空着罢了。

下　篇

拉丁的古谚说：“连一本书都是有命运的。”一本书的命运有时候比人的命运更奇怪呢。

第一章　永久的书

文字不仅从一个国家搬移到另一个国家，从一个民族流传到另一个民族，而且还有别种的变化。最初，文字是刻在石头上面的，后来才写在芦叶上面，再后来又从莎草上面搬到了蜡版上面，从蜡版上面搬到了羊皮上面。到了最后，才搬到了我们现在所用的纸头上面。

譬如一棵树，从沙土里长出来的，和从肥沃的土里长出来的，完全不一样。文字也是如此，生长的地方不同，样子也就不一样。文字刻在石头上面的时候，笔画全是硬而挺直的。写在芦叶上面，笔画就变成弯曲的了。从蜡版上面长出来的文字，弯得和钩子一般。在陶土上面的，却都是有棱角的，像星儿、角儿之类。可是到了在羊皮上和纸上书写的时候，文字也会时常变花样，变得简直五花八门，无奇不有。

下面的图，便指示着在各个不同的时代用各种材料记录出来的文字。

刻在石上的字

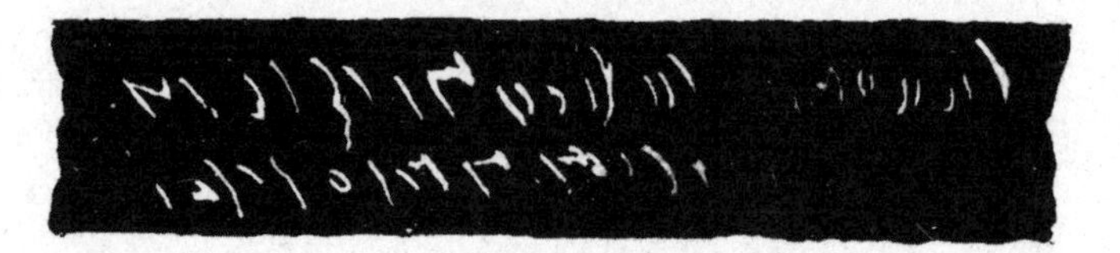

刻在蜡上的字

INFINEMPROPULO
QUIASANCTISLOG

写在羊皮上的字

一看就明白：刻在石上的字，都很工整，笔触是硬的。刻在蜡上面，就变得弯曲不整齐了。写在羊皮上面的时候，笔触又是圆匀而精细的。开头看起来，你会当这三种文字是用三种不同的字母写的。谁知这些全是拉丁字母，不过写在三种不同的材料上罢了。

你看，文字多会变花样啊！

现在我们日常惯用的铅笔和纸，其实发明了并没多久。在五百年前，那时学生用的书包里面，既没有铅笔，也没有金属制的笔头。他们是用一根尖头棒，在一块蜡融成的版上面写：把蜡版放在膝头，用棒把字刻在版上面。

这样的写字方法，当然不是十分方便的。可是我们

不能这般说。要是追溯到最早，在人们开始描画那些史前时代的图形的时候，所用的一套方法，简直困难到不可思议呢！在那时候没有一定的写字工具，怎么样写，写在什么东西上面，都没有一定的办法，每个人都得自己想办法。

凡是一切落到手里的东西，都可当作写文字的纸头用。例如一片羊的肩胛骨、一块石头、棕榈树叶子、陶器的碎片、野兽的皮、一片树皮，等等，不管是什么，都是好的，都可以用一块骨头或一块尖石头把图形刻上去。

这些粗蛮的写字方法，一直流传了很久。据说穆罕默德著《可兰经》就是写在羊的肩胛骨上面的。希腊人的会议中，投票的时候，不像我们那样写在纸头上，他们用一块陶器的碎片——希腊人叫“ostraki”——当作票纸。

到了莎草纸发明以后，因为价钱太贵，有些贫寒的著作家还是用着盘子、碟子的碎片写字。有一个故事，说希腊的一个学者，打破了他所有

的陶器和杯盘，才写成一本书。

还有一次，罗马的兵士和官员到埃及行军，因为莎草纸短缺，就在陶器碎片上面写他们的报告和收据凭票。

棕榈树的叶子和树皮比较方便，所以当时人们都用一枚针在这上面刻字。这方法使用得很多，一直到莎草纸发明时为止。

在印度有用棕榈树叶写成整本著作的。他们先把叶子的四边切齐，随后用针线穿起来，边上涂上金或者颜料，这样就做成一本很美观的书。这样的书不像现在的书，却像现在的百叶窗。

这些用骨头、陶器和棕榈树叶子做成的书，现在除在博物院里，已经见不到了。可是还有一种古代人所用的书写方法，我们至今还用着，这就是在石头上刻字。

一本在石头上刻成的书，是最经久的书。

四千年以前，埃及人在庙宇及坟墓壁上刻着的全部历史，能够一直保存到今日。同样，现在我们也常把重要的文字刻在石碑上，以永垂不朽。

可是用石头做书本，这样的事在现在到底已很少见了。这有两个原因：一则因为在石头上面刻字，没有在纸上抄写容易；二则因为一本用石头刻成的书，至少也得有几百斤重，要翻开看的时候，就得用起重机，而且这样的书，你不能放在家里读，你也没法子去邮局投寄一封石头刻成的书信。

因此人们曾经费去很久的时间，想找寻一种可以记录文字的东西，这种东西必须很轻、很薄，而又很经久。

起初试验过用黄铜。至今还留下许多铜碑，

一本石头书

上面刻着文字，这些都是做古代王宫和庙宇的装饰品的。

这些铜碑，有的占满了整面墙壁，也有的正反两面都刻着字，那便不钉在壁上，而是在屋梁上挂起来。

有这样一幅图画，是雕刻在礼拜堂的黄铜正门上的。所画的故事，是埃丁纳伯爵和布卢瓦城市民订立的契约：市民在伯爵的城堡外建一排城墙，就可以获得征收酒税的权利。

黄铜契约

现在酒早就喝完了，喝酒的人也躺在坟墓里了，堡邸周围的城墙也早就倒塌了，只有这个契约至今还刻在礼拜堂前面的黄铜大门上。

但是不论是石刻的书，还是铜刻的书，都太笨重，不好搬运。而且最糟糕的是，在硬性的石头或黄铜上面，要刻上文字是非常艰难的。要是现代作家在写作的时候，必须穿上皮制的工作衣，两手拿着斧头和凿子，变成一位石匠，你说能不能行呢？

这样的话，如果要著成一页的书，必须拿斧头凿子，干一整天的苦工才行啊！

这样想来，我们现在所用的书写方法，确是比古代高明多了。可是纸头不能十分经久，这倒是真的。古代的人们想过多少时候，要找出一种东西，

像石头那样经久，又要像纸头那样容易写字。到最后，居然想出来了！

很久以前，居住在底格里斯河和幼发拉底河流域的巴比伦人和亚述人早就用过这方法。在尼尼微[①]古城的废墟古琼吉克这地方，一个名叫莱亚德的英国考古学家曾经发现了亚述巴尼拔王[②]的图书馆。说也奇怪，这一座图书馆里却找不出一片纸头。

原来这些书是用砖头做成的。先制就了厚而大的平滑的泥砖，随后用一只带三角尖的小凿子在砖头上面凿成文字。

凿子钻进去的时候很深，可是拔出来的时候很快。因此每一笔画，开头是颇粗的，尾巴上却很细小，像蝌蚪的样子，古代巴比伦人和亚述人能够很快地在整块砖头上写满这种蝌蚪字。

---

① 尼尼微：古代亚述帝国的都城，在底格里斯河的东岸，公元前632年被毁。——编者注

② 亚述巴尼拔王：古代亚述的一个国王，于公元前668—约前627年在位，曾在首都尼尼微建造大型的图书档案库。——编者注

尼尼微图书馆的一本藏书

要让这砖头耐久，凿好文字以后，先用太阳晒干，又送给烧窑的去烧一下。现在，我们的烧窑工人和制造书籍这一行，是绝不相干的。可是在古代，烧窑的人不但会烧盆碗，而且会烧“书”。

这些在窑里烧过的书和石刻的书一样耐久。

用这种方法做成的书，不会被火烧掉，不会潮湿霉烂，就是老鼠也不会啮[1]坏它。自然，掷在地上是要碎裂的，可是仍旧可以把碎片拼合起来。尼尼微这地方的古代图书馆里的砖头书，大

① 啮（niè）：（鼠、兔等动物）用牙啃或咬。——编者注

半是破碎的。可是经过许多学者的长久工作，终于拼合起来，恢复它们的原状了。

尼尼微图书馆里一共有三千块砖头。一部书就有许多块碎砖头，和现在一部书有许多页一样。可是砖头不能像纸头那样装订起来，因此每块砖头上必须注明书名和砖头的编号。

例如，有一部关于开辟天地的书，开头第一句是说：

从前，我们头上的东西，并不称作天。

这部书的每块砖头上都有这么一句。后面依次题上一、二、三等数码，一直到最后一块砖头为止。

此外每块砖头上都有图书馆的印记。这自然更容易明白。

在亚述巴尼拔王——战士之王、人民之王、

亚述国之王——的王宫里，纳巴神和哈斯米塔女神赐给国王以聪敏的耳朵、尖锐的眼睛，他能够搜寻王国内所有作家献给先代国王的一切著作。在理智的纳巴神鉴临之下，朕特搜集这些砖头，命令官吏重抄一份，记上朕的称号，藏诸宫殿，以垂不朽。

这是每部书上面所写的题记。在这图书馆里有着各色各样的书。有的记载亚述人和吕底亚人的战争，腓尼基人和亚美尼亚人的战争。有的记载巨人吉尔伽美什和他的朋友沙巴尼的故事，这巨人据说生着弯弯的角、公牛的腿与尾巴。更有的是记载女神伊斯塔的故事，伊斯塔从天上下凡，而且亲入地狱，去会见她的丈夫。还有关于一条河的故事，这河把整个地面冲毁，变成了浩茫无边的大洋。

每天晚上，亚述国王要是不能安眠，便命他的奴隶到图书馆里去找几本书，叫他在旁高声朗诵。听着这些故事，国王就忘却一切忧烦了。

亚述人不仅用泥砖写字，而且也用泥砖印刷。他们用宝石斫[1]成了圆筒形的钤印[2]。圆筒外面刻上凸出的花纹。在国王和外国订立条约的时候，就用这圆印在泥砖上转过去，就在砖上显出显明的凹形花纹了。

说也奇怪，现在在布匹上印花纹也是用这个法子。还有一种印刷机，把铅字浇在滚筒上面，

① 斫（zhuó）：砍、削。——编者注

② 钤（qián）印：古代官方文件、书画或书籍上面盖的图章。——编者注

难道这竟是亚述人发明的方法吗?

古代的许多契约、账单和发票，保存到现在的，都盖上了印章。印章附近又往往签着名字，或者有一个手指印。这大概是不会写字的人用指纹来替代签字。

第二章 带子书

砖头做成书已经算是很古怪了，可是埃及人另外又发明了许多种做书的方法，那才更古怪呢。

你可以设想一条长长的带子，有一百米长。看上去像是纸头做的，其实却是一种稀奇古怪的纸头。仔细看起来，才知道是用一种长方形的薄薄的质料，一方方连接起来的。要是撕下一片仔细检查，就会发现是用双股细线搓成的东西黏合而成的。

这东西，黄色，有光亮，面上光滑且易碎，

和蜡版一样。文字并不是依着带子的长度一直写过去，而是分着格数写的。要是依着带子的长度写过去，那么读的人必须从这一头走到那头，又从那头回到这一头，多不方便哪。

这种特别的纸是用一种古怪的植物制造的。

埃及人在尼罗河畔一些低湿的地方，种满了许多矮小的树木。其实这还不能算是树木，不过是一种类似芦苇的植物，长得有一人高。

这植物的茎是光滑而且直的，顶上开着一朵花冠。

这植物的名称叫“papyrus”，我们现在译作纸莎草。

现在许多国家的文字里还保存着这个名称。譬如“纸”这个字，英文叫“paper”，法文叫“papier”，德文叫“papier”，俄文叫“Пап-

ka”，都是从“papyrus”这个词变来的。

这怪异的植物是埃及人一日不可缺少的东西。他们用这植物做成纸，可是也用来当食品、当饮料。他们用这植物做衣服、鞋子，甚至造船。纸莎草加水煮熟后可以充饥，汁可以喝。纸莎草的皮可以做鞋子，把茎秆编扎在一起，可以做成一只船。可见这和牛尾巴一样的纸莎草，对于埃及人是非常有用的。

有一个罗马作家，曾经看见过用纸莎草制造纸，他的著作里，描写古代埃及人制纸的方法如下：

他们先把纸莎草的茎劈成薄而大的篾片[①]。随后一片片黏合，成了一个整页。黏合的方法，是在一张台子上，把纸莎草片摊着，上面倒着尼罗河里多黏土的水。这黏土就当作了糨糊。那台子必须倾斜，水才能不绝流动。做成一页以后，再

① 篾（miè）片：竹子劈成的薄片。这里指用纸莎草的茎劈成的薄片。——编者注

收割纸莎草

在横直的四边用线缝过，这样莎草纸就做成了。

做成了一沓纸以后，放作一堆，上面加上重的东西，压得平直。最后才把莎草纸在太阳下面晒干，并且用一种骨头或贝壳把叶面磨光。

莎草纸有许多种不同的品质，和现在我们用的各种纸头一样。挺讲究的纸头，是用莎草茎的芯子做的，有十三个指头宽，同我们用的练习簿差不多。埃及人称这种纸叫“圣纸”，因为专做誊写圣书用。

罗马人从埃及人那里买了这第一号的莎草纸，改称“奥古斯都纸”，表示尊敬罗马大帝奥古斯都的意思。第二号纸却叫作“里维亚纸”，那是罗马皇后的名字。

此外还有别的品质的莎草纸。最坏的一种“市纸”，只有六个指头宽，不能用作抄写，只能包东西。

出产莎草纸的地方，是在埃及北部亚历山大里亚港，因此有“亚历山大里亚纸”之名，至今还沿用着。从这个港口，把莎草纸运到罗马，运到希腊，又运到小亚细亚各国。

写书的时候，先在芦叶上一片一片地写。写完了二十片，便用“胶水”粘起来，做成约有一百米长的手卷。

这种书怎样读呢?

要是你把这书摊在地上，就会占满你的整个屋子。你在地上爬来爬去地读着，不见得会舒服。装上一个架子吧，哪有这么长的架子?就算有，屋子里摆不下，放在屋子外面呢，天下雨了又怎么办?而且也难免坏人路过的时候把它撕破。因此这些书只有卷成一卷，要读的时候，就请两位朋友，各人拿着一边，慢慢地展开来读。但怕的是这方法也未必成功。因为到什么地方去找寻两位朋友，每天站着几个

钟头，给你捧书本子呢？

那么把莎草的叶子切开，用线订成一本像现在我们用的书，不是很好吗？

却是不能。因为莎草纸可不能像普通纸头那样随意折叠，一折就要碎裂。

埃及人发明的方法，可是实在聪明。他用两根竿子，把莎草的叶子的每一端粘在竿子上面，竿子就变成了两个轴，这样从两面卷起来。这轴上短下长，露在纸下面的部分雕上人物图画，做成了两个柄。读书的时候，只消两手拿着两个柄，读到哪里就卷到哪里，这不是十分方便吗？

现在我们藏放地图和报纸，也还是用这个方法，以免碎裂。

可是这样的书也有一个不方便。展开来读的时候，左手拿住柄子，右手把另一个柄子转着，这样读下去，两手都不得空。假如在读书的中间，你用右手指去搓一搓眼，或者去拿一支笔，那么整个手卷就会一齐展开来。因此，要从这种书的中间去抄下来一段，是很困难的。必须有两个人，一个念着，另一个抄下来才行。

一个学生，假如要参考很多的书，每本都要去翻翻，那么用这样的书是非常不方便的。

莎草做的书，不方便的地方还不止这一点。因为一个手卷还不过是整部书中间的一部分。我们可以印成一厚册的著作，在埃及人、希腊人和罗马人那儿，必须分成许多手卷。所以那时候的书断不能藏在衣袋里。假如要把一部书带回家，那必须把许多手卷，装进一个圆的筒，和大的帽盒子一样，再用皮带缚住扛在背上才行。

因此有钱的人自己从不会带了书走。当他走去图书馆的时候，一定带着一个奴隶，叫奴隶给他搬运着他所要带走的书。

那时的图书馆就像现在贩

卖壁纸的铺子。书架子上面放着一卷卷的莎草纸，每一卷上面附着一个标签，记上书的名称，看上去很像是些壁纸。

在莎草纸上写字也是用墨水，可是和我们现在用的墨水大不相同，是用煤烟和水做成的。要使得这些墨水不会在纸上洇开来，就得加上一种阿拉伯的胶汁。

这种墨水不像我们所用的墨水那样耐久。只消用一块海绵和着水，在莎草的叶子上一擦，就可以把字迹完全擦去。有时手头没有海绵，埃及人用舌尖就能把字迹舐[1]去。从前有一个故事，说的是卡利古拉[2]皇帝举行考试，发现了某位诗人不够资格，就罚这诗人把他所写下的著作，全用他自己的舌头舐去。

那时候的笔和我们现在所用的也不同，是用做马鞭柄的那种植物做的，有铅笔那样长，头上

① 舐（shì）：舔。——编者注

② 卡利古拉：罗马帝国第三位皇帝。——编者注

削尖，劈成两片。

这头上是非劈成两片不可的。我们现在所用的钢笔头，不是头上也分成两片吗？要是这中间的一片碎掉了，这一个笔头就不能再写字。因为笔尖分了叉，墨水可以从中间的空隙渗出来。写字的时候，要笔画粗些，你就揿得重，要细些你就揿得轻。这是很巧妙的方法，其实埃及人早已发明了。

在金字塔的壁上，现在还可以看见许多埃及誊录手的画像，这些誊录手大部分是年轻人，坐在地上，左手捧着莎草卷，右手握着一支竹制的笔。

誊录手有一个习惯，就是在两耳后面各插着一支笔，和现在机关里办公的职员一样。

现在我讲一个誊录手的故事给你听吧。

要是你看一看誊录手手上捧着的莎草卷，你就会很诧异，原来这些写在芦叶上的字体，和你

所认识的埃及象形字大不相同啊。这是一种拙劣的书法，和我们惯常在埃及庙宇和坟墓的壁上所看到的工细的图形，真有天壤之别。

这原因是不难懂的。原来在莎草的叶子上写字，要比在石头上凿图形简单得多。在石头上凿一个字，要半个钟头，在莎草的叶子上写，只消一分钟就行了。知道了这一层，埃及的象形文字，在莎草的叶子上面完全失掉了工细齐整的原形就并不足怪了。写得快的时候，笔画就潦草了许多，图也描得简单了许多。

只有那些僧侣才要写得整齐好看，所以每字每行，都不惜花费工夫，慢慢地描着。可是不属于僧侣阶层的那些普通人呢，他们是写得越快越好。

芦叶卷上潦草的字迹

因此，埃及的文字，到最后分成三种字体：象形体、僧侣体和通行体。

可见，莎草纸的发明，对于字体，实在起了一个大革命。

一个誊录手的故事

这里我们要讲的那个誊录手，便是写那通行字体的。当那些穿白布衣服的工人把麦子一袋袋地扛到仓库里去堆存的时候，我们这位誊录手就用笔记着数目。管工的工头一喊出袋数，他就得立刻记在莎草纸上。你想他又怎能每个字都描上精细的花样呢！

这些大仓库是在粮食铺旁边。工人们扛着装麦子的袋子，走上砖石砌成的台阶，到了麦仓的门口，把整袋的麦子倒进去，随后就很快地下来，好让别的工人扛着满袋的麦子走上去。

最后所有的麦子都称过了，登入了粮食铺的账簿。工人们交还了空袋子，各自回家去了。誊

古埃及的誊录手

录手收拾起纸笔墨水，和工人一块儿在街上走。

街旁的房屋都很高，仰起头只看见一条细缝的天。这里是富人住的地方。工人们的小屋子，却是在城市的尽头。

有几个工人就在街旁歇一歇脚，和他们的朋友喝杯啤酒，或者喝一杯用棕榈树叶酿成的更烈的饮料。

可是誊录手尼奇萨蒙不曾在酒店门前驻足。他悲哀地回到自己家里。他要再等十天，才能领到工钱。最近一次领的工钱，他老早就花完了。在他家里，没有面包，没有油，也没有麦子。他不认识任何一个人，也没地方去借钱。

自然也有一些誊录手，在乡间有美丽的屋子和大批的财产。

比方专管国王谷仓的誊录手纳赫穆特。听说他侵占了很多公款，现在成为城里最富的人了。可见一个规规矩矩的人，是只有饿死的。

尼奇萨蒙回想起出学校以后七年的生活，在贫穷苦恼中过了七年！在学校的时候没有人想到他的前途是这样的。没有一个学生比他更聪明！他学会读书写字比任何人都快，数学也没有人能够胜过他。

整部的算术书和几何书，他完全记熟了。他在几何书的第一页上写着："帮助你了解一切神秘事物，以及一切事物中隐藏的秘密。"

譬如五个人分一百个面包，其中两个人所得的，比其余的人所得的多七倍，这应该怎样分？这样的算题，除了他也没人能够算出。唉，原来在书本上面分配东西，也是不公道的呀！

而我们的可怜的尼奇萨蒙，并没有这样幸运，可以分得比旁人多七倍的东西！

可是他不甘心，老是忧虑悲伤着。他还年轻，有气力，他不是傻瓜，那为什么要自暴自弃呢？

他放轻脚步，走进了他的那间矮屋子里，他的老婆和儿子在那屋子里等候着他。他的儿子还只有六岁，已经在学着做誊录手了。他已经能用小手，在莎草叶卷上描画那些圆圆的、有角的字了。

第二章　蜡的书

蜡可以做成烛，这是大家都知道的。可是一本蜡做的书，那就有些古怪了。蜡做的书，比之于我们上面说起过的砖头的书和带子书，更来得好看，只是一遇到火，会像牛油一般熔化。这蜡

蜡做的书

的书是罗马人发明的，可是一直到十九世纪初，法国大革命时代，还有人用着，你相信吗？

看上边的图就知道蜡的书是什么式样。这是用一块块的小木板做成的。每块木板像现在我们的书本那样大小。木板中间挖去一块长方形的框，在框中间填上黄色或染成黑色的蜡。

木板的两头都有一个小洞，从这小洞穿过一条线，这样就把许多块小木板，订成像一本书的样子。第一块和最末一块木板的外面是不上蜡的。这样把这书闭上的时候，不会擦坏了书中的蜡。

在这蜡版上面，用什么方法写成文字呢？

那自然不是用墨水写的了。这是用一种钢制的尖笔，名叫“stylet”。这“stylet”一头是尖的，另一头却是圆的。尖的一头在蜡上刻字，圆的一头是用来磨去写错的字。

这圆的一头就是我们所用的橡皮的老祖宗。

蜡版价钱很便宜，所以很多人用来记笔记，

演算题，开账单，甚至于写信。

那时候，芦叶纸全是从埃及输入罗马的，价钱很贵，所以只能用作写书。

蜡版还有一个方便之处，就是可以用得很久。

罗马人往往在蜡版上写了信寄给朋友。那朋友接到了信后就把原信擦去，在原来的蜡版上写上复信再寄还他。这样，一块蜡版，擦去了写上，写上了又擦去，可以使用无数次。

“你要多用笔的圆头”，这是当时劝导青年作家常用的话。现在我们称赞别人的文章，总是说“文体很好”。文体这个词就是“style”，和中国人说“笔法”一样，虽然像“stylet”那样的笔现在早已没有人用了。

不过蜡上面的字容易擦掉，这也是不便的地方。有的时候，一封重要的秘密信件，还没有送到目的地，中途就给递信的人擦掉了。因此人们发明了一个寄秘密信的方法：把信在蜡上写好了，上面再涂上一层蜡，写上些“你好吗”“请

来舍间便酌”[①]之类的不相干的话。收信的人先把外面一层蜡揭去，就会发现里面一层的秘密信。

所以那时候的信，和我们的屋子一样，有的是一层楼，有的是两层楼。

拉丁字母的文字，刻在石头上面是工细而且挺直的。写在芦叶上面，就变得圆浑了。现在在蜡版上面写出来，就越加潦草得不成个样子。

只有精通古代文字的学者才能认出写在蜡版上面的罗马字。我们不懂古代文字的，简直不明白这一钩一捺究竟是写的什么。

假如不信，你可以试一试，在一块蜡版上写几个字，你就会知道要写得工整是很难的，尤其是写得很快的时候。

一直要到了发明铅笔和廉价纸张的时候，我们才能够不用蜡版。有几个世纪，学生都是在腰

① 请来舍间便酌：请来我家吃个便饭吧。——编者注

间系着一块蜡版的呀！

在吕贝克的圣雅各教堂的下水道里，曾经发现了古代学生所用的大批的蜡版，还有在蜡版上写字用的笔、切羊皮的小刀，以及打手心用的戒尺。因为你应该知道，在那时候，学生时常被毫不留情地打手心。从前人常说“我曾吃过手心”，这意思就是说“我曾进过学校念书”。

在几千年以前的一本拉丁文的书里，有这样一段先生和学生的对话。

学生：“我们是小孩，请先生教我们学好拉丁文，因为我们的拉丁文很不行，我们都是无知无识的。”

先生：“我教书的时候要打人，你们愿意不愿意？”

学生：“宁可为了读书挨打，不愿意总是无知无识。”

谈话就这样继续下去。

你可以想象那时候学生的光景：两脚交叉着坐在地上，一块蜡版安放在膝盖上面，左手捧着蜡版，右手写字，一面先生念，一面学生写。

用这蜡版的，不光是学生。僧侣们写教堂堂谕，诗人写作品，商人记账，宫廷贵族们写情书给美丽的太太小姐，或者写决斗请求书给情敌，也都是用的这蜡版。

普通人用的蜡版，是枫树做的，外面加上一个皮套子保护着。里面所涂的蜡是很脏的，有时还掺和着脂肪。另一些人却用着上等木料制成的蜡版，有的十分讲究，用象牙镶嵌着。

这几百万块蜡版，现在哪里去了呢？

人们老早就把它们烧掉，或者掷在垃圾堆里了，和我们现在抛掷废旧纸头一样。可是现在如果发现一块两千年前罗马人写过字的蜡版，那要花多少钱才能买到哇！

罗马人用过的蜡版，留到现在的，已是很少

了。大部分我们现在所保存的，是从庞贝古城的银行家凯基利乌斯・尤坤德的屋子里找到的。在维苏威火山爆发时，庞贝城和邻近的另一座城市赫库兰尼姆[1]同时被火山喷出的烟灰埋没了。假如没有这一次的火山爆发，这些蜡版就不会传到我们手中。你想奇也不奇?

我们现在所有的罗马人的纸莎草手卷，只不过二十四卷，也是从赫库兰尼姆城的灰烬堆中找寻出来的。世界上最可怖的火山灾难，还不及几世纪的时间糟蹋得厉害。时间是不吝惜一切的，它擦去了人类活动的一切痕迹，正和笔的圆头擦去了蜡版上的字迹一样。

---

① 赫库兰尼姆：意大利坎佩尼亚区的古城，公元79年，维苏威火山爆发，被火山灰淹没，1709年被发现。——编者注

第四章 皮的书

莎草纸到了它的全盛时代，便出现了一个劲敌，那就是羊皮纸了。羊皮纸的原名叫“parchemin”。在很久以前，游牧部落的人们也曾经在野兽皮上写过字，可是这些兽皮并不像羊皮纸那样方便。这羊皮纸最初发明时经过的情形是这样的：

在埃及亚历山大里亚的著名图书馆里，藏有近一百万卷的莎草书。当时埃及托勒密王朝的皇帝特意经营这图书馆，因此这亚历山大里亚图书馆始终保有着世界第一大图书馆的地位。可是不久，另外有了一家和它竞争的图书馆。这是小亚细亚帕加马城的图书馆。于是当时的埃及皇帝想了种种报复的方法，下令禁止莎草纸输出到小亚细亚。

为了抵制禁令，帕加马国王就命令国内最巧的工匠，用羊皮制造一种可以写字的东西，以替代芦叶纸。从那时候起，帕加马就成为制造羊皮纸的中心了。而“parchemin”这个名称也是从城名“Pergame”（帕加马）转变来的。

羊皮纸比较莎草纸有许多优点。羊皮纸容易切开，而且可以随意折叠，不怕碎裂和折皱。

起初人们还不懂得这些好处，用羊皮纸也和莎草纸一样地卷起来。后来明白羊皮纸可以折，可以裁，可以用线订成一本书册子，这样，把许多页装订成册的真正的书问世了。

制羊皮纸的方法，是用新剥下来的羊皮或小牛皮，先浸在水里，浸软了，将外面的一层薄皮剥下来，再浸在灰汁里。随后用刀刮去上面的

毛，再用铅和轻石把整张皮子磨得光光的。

这样就变成了一张薄皮，颜色微黄，两面清洁而光滑。

羊皮纸越是薄越是值钱。挺薄的羊皮纸，可以卷成一大卷，盛在一个核桃壳里。古罗马著名的演说家西塞罗据说看见过一卷极细小的皮纸卷，里面抄着《伊里亚特》的二十四卷诗歌。

羊皮的四边是不整齐的。所以要把不整齐的切去，成为一大张长方的羊皮纸。这羊皮纸对折成两页，当中穿上线，这样便可以订成册子。每一本书册，大概有四大页，即八个单页。后来又把羊皮纸折作四开、八开、十六开。这就成为后来各式大小的书本的开法。

羊皮纸上两面都可以写字，莎草纸却只能写一面。这是羊皮纸的一大便利。

羊皮纸虽然有这么多好处，可是经过很久的时间，羊皮纸才最后战胜了莎草纸。在最初，著作家用羊皮纸写稿本，书稿到了书铺里用莎草纸重抄了，才能卖出去。

因此，一本书从作者手里到读者手里，中间要从蜡版抄上羊皮纸，再从羊皮纸抄上莎草纸。

可是到后来，埃及的工场供给莎草纸的数量逐渐少了。到了埃及被阿拉伯人征服的时候，莎草纸对欧洲的输出完全断绝。这样，羊皮纸才得到了最后的胜利！

不过这不算是光荣的胜利。因为当时罗马帝国被北方和东方的半开化部落侵入，已经灭亡了有几百年。连年不断的战争，让那些富庶的城市都变得贫苦。受过教育的人，甚至懂得读书写字的人，一年少似一年。等到羊皮纸成了写文字的唯一材料的时候，几乎已经没有人会抄写文字了！

从前专给罗马著作家誊录书籍的那些铺子，老早都关闭了。现在只有在深山丛林中的那些修道院里，才有几个修士，为了“超度灵魂”起

见，还在埋头抄写着经典。

修士被关在一间小屋子里，在一把有大靠背的椅子上坐着，虚心诚意地抄写《圣塞巴斯蒂安传》。他并不匆忙，所以总是一笔一画十分工细地描写着。他用的笔，大部分是一根鸟毛，把一头削尖了。把鹅毛或乌鸦毛当作笔，在那时候是很流行的。

墨水也和埃及人、罗马人所用的不同。为了在羊皮上写字，当时发明了另外一种墨水，更耐久，可以渗入皮里面，没法子擦掉。这是用五倍子汁，加上绿矾、树脂或阿拉伯树胶调成的。这方法现在还在用着。

因此欧洲人常称五倍子为“墨汁果”，甚至有人以为墨汁果是从墨汁树上生长出来的，可是墨汁树和“牛乳河”或者“糖酱池”一样，是世间罕有的东西呀。

其实五倍子并不是果实，乃是盐肤木的树叶上、树皮上和树根上所生的一种虫瘿，约纽扣

抄写《圣塞巴斯蒂安传》的修士

大小。

先用五倍子汁混合在绿矾（这是铁在硫酸中溶解后所成的美丽的绿色结晶体）中间，这样就成了一种黑色的液体。随后加上树胶，就成为浓厚的墨汁了。

下面是制墨水的方子，是从纸刚发明时的一本俄国的旧抄本上记下来的。

把五倍子浸在莱茵酒里，随后用太阳晒，或者用炉火焙着。最后把那黄色的液汁，用一块手巾滤过，把五倍子核挤碎，把这汁水倒入瓶中，外加绿矾和少许面粉，再用勺子不断地搅着。放在温暖的地方，过了几天，就成上等的墨水了。

浸在酒里的时候，五倍子的数量越多越好。硫化铁要一点点加进去，加到适度为止。如果写起来颜色还不够黑，加上一些树脂粉末，颜色就更深了。随后写起来可以完全如你的意。

这种墨水，和我们现在所用的有一个不同点。在开始写的时候，是带淡灰色的，要过一些时候，才变成黑色。我们现在用的墨水，是加上了颜料，写出来的时候和到后来看的时候是一个样子，所以说更好些。

虽然谈到了墨水，可是我们仍旧没有忘记我们那一位修士。修士开始抄写的时候，先在羊皮纸上细心地画好横格子。画格子是用一根铅棒，外面加上皮套子，这就是我们所用的铅笔的老祖宗。至今德国人还叫它铅棒，不叫铅笔。

修士先在羊皮纸的上端画上一条粗边，随后画上许多细的横线，行格才能写得整齐。沿线的颜色很淡，这只要隐约可辨就够了。

随后修士开始写字。要是他会画图，那么每节第一行开头第一个字母，必须写得特别大，而且画上一些图画。比方一个大写的“S”，他就画成两只鸡相斗。要是“H”，他就画上两个武士比武。有一些抄写员能够描成各式各样的图画，装点每一章的第一个字母。有的画成从来没有人见过的奇形怪状的妖精，如人头的狮子、鱼尾巴的鸟，以及各种怪兽之类。

这个做装饰用的字母，不一定用黑色，有时用绿、红、

蓝等各色。但是大部分是用红色，因此到了现在，俄国人称每节的第一行为“红行”——虽然现在用的书，已没有印红色字母的了。

还有一点和现在不同。我们现在写第一行，总是在头上空出一些地方。可是中古时代的誊录手恰巧相反。开始第一行一定写在格子外面，因此第一行比旁的各行一定是特别长些。

遇到修士自己不会画图的时候，他就空出第一个字母，让别人后来补上去。这第一个字母画成了或者留下空白了，修士就接着一笔一画地写。

他毫不性急，宁愿慢慢地写，不会写错了字。那时所有的书都是用拉丁文写的，很少人懂得这种文字。不懂得意义的文字，只好依样画葫芦，这样，错误自然是很难免的。实际上，中古时代的抄本，抄错的字很多很多。

誊录手一写了错字，就用一柄小刀把错字刮去。这小刀和现在外科用的解剖刀一样，有短的，有长的，有阔的，也有树叶模样的。

每页上面字写得很密。因为羊皮纸价钱很贵，所以要节省才好。

要写成一大册书，必须有一群牛羊的皮才够用。有的武士在大路上抢得了金银，有的商人到远处冒险旅行赚了钱平安回来，有的贵族要虔奉[①]修道院的保护者圣塞巴斯蒂安——这些人都有可能买了羊皮纸，捐给修道院。可是这样的事到底是很少的。

为了节省篇幅起见，抄书的人往往把许多字缩短了。比方“Jerusalem”[②]就写作“Jm”，“Do-

---

① 虔奉：指虔诚地供奉。——编者注

② Jerusalem：耶路撒冷，历史名城，宗教圣地。——编者注

minus”[1]就写作“Dm”。

这样几个星期几个月地写着。抄写一本五百页的书，至少要用上一年的工夫才能完成。

那修士因为一年到头埋着头在案上写字，所以背也弯了，眼也花了。可是他一点儿也不懈怠。因为他认为当他抄写的时候，圣塞巴斯蒂安从天上瞧着。他用鹅毛笔写下了多少字、多少行、多少格，圣塞巴斯蒂安都在计算着。多写一个字，就是多解脱了一重罪孽。

一个钟头一个钟头地过去，他很想休息一会儿，但是使不得。这是一种坏主意，有魔鬼在耳旁诱惑着，因为我们人是四面被魔鬼包围着的。

不久以前，有一个修士向人说，另一个修士告诉他，说他亲眼见着许多魔鬼生着鼠嘴和长尾巴。这些魔鬼想出种种方法，来破坏那虔

① Dominus：本意是“主人”。拉丁语中表示上帝。——编者注

诚的工作，譬如，叫抄书人的手颤抖起来，或者打翻了墨水瓶，使那本书的当中染上一大块墨迹。

到最后总算把书抄完了。恩陀奇纳斯修士从头翻看一遍，每页上面蓝的红的字，都在放着光，这像是长满了花草的园地。他满怀高兴。

这是何等艰难困苦的工作呀！

每天清早，东方微白，他就从硬草褥上披衣起来，燃着蜡烛，开始工作。寒风从门窗隙缝中吹进去。这时候，他的鹅毛笔就在羊皮纸上不断地画着。要多少日子才能完成这一本书哇！

将来会有一天，魔鬼和圣彼得[①]算着修士的灵魂的一注账，他写了几个整夜、多少字、多少行，都要算到他的账上去。

因此到了最后，恩陀奇纳斯又拿起笔来，浸

① 圣彼得：基督教早期领袖，耶稣的大弟子。——编者注

了墨水，写道：

光荣的殉道者，你记得犯罪的修士恩陀奇纳斯吗？他在这本书上记述你的伟大灵迹。请助我入天国，助我赎除我所应得的惩罚。

到了后来，有了一些职业的抄手。这些职业的抄手虽然仍是属于教会的，而且抄书这件事也照旧被看作是一种修行，可是抄完书以后，却要求那世俗的报酬，就是工钱。

当时的习惯，每本书抄写完了，抄写的人一定要在书后面写上几句关于他自己的话。

例如一本旧的祈祷书，就是这样结束的：

基督出世后一七四五年，圣托马斯节后第十二日，这本祈祷书由苏黎世城公民约翰·海伯·特·里乞丹斯坦亲手缮写完毕。抄写这本书是奉了富斯奈楚教派的祈祷者、我的兄弟马丁的师傅之命，为了赎他的父母家属以及一切公民的灵魂。这本书的抄费是五十二块金洋。请为抄写员一并祈祷上帝！

有的书后面，抄写人加上这样的字句：

这里是整本书的尾巴，把抄费给了抄写员吧！

或者是：

整本书完结，快拿酒来喝！

羊皮做的书看上去是怎样的呢？

照例是又大又厚又重的一册。装订很牢固，封面是两块木板做成的，里外包上一层皮。四角镶上铜或别的金属，这样角头不会碰坏，而且样子也好看。另外再加上一副铜制的锁，锁住了，

里面的羊皮书页就不会移动。这样的一册书，看上去实在有些像保险箱的模样。

有的书装订得非常讲究，封面是摩洛哥皮或者鹿皮，用金银镶着角，还嵌上一些宝石。有些国王或王子御用的书，不单是装订非常华丽，而且每页的边上都镀了金银。

有些至今保存着的书，每页都被染成红色，字是金色或银色的。年代久了，红的变成紫灰色，银色转成了黑色。但是在当初，这些书翻开来一定是金碧辉煌的，和太阳落下时的天空一样美丽。

一本讲究的书，写得很工整、订得很精致

的，一定不是出于一人之手，而是六七个名手合力做成的。其中一个硝皮[1]，一个用轻石磨光皮面，一个抄写正文，一个专画第一个字母的花纹，一个修饰，一个校对，最后一个装订成册。

但是有的时候，一个修士能够单独用皮来写成书，而且装订成册，不用第二个人帮忙。

现在，我们每人都可以有几十本书。可是在从前，书是很少而且很贵的。因此，在图书馆里都用铁链把书锁在桌子上面，以免给人偷走。一七七〇年，在巴黎大学医科的图书馆里，还有这样的书呢。

在那时候，不称作“读书”，而称作“读功课”或“听功课”。因为书很贵，学生没有钱，所以只好由教师一边读一边讲解，学生便在旁边听。

---

① 硝（xiāo）皮：用朴硝或芒硝加黄米面处理毛皮，使皮板儿柔软。——编者注

第五章　胜利的纸

和莎草纸让位给羊皮纸一样，羊皮纸到最后便让位给我们都知道的一种东西——纸。

大约两千年以前，欧洲的希腊人和罗马人还在埃及的莎草纸上写字时，中国人已懂得造纸了。

造纸的方法，是用竹子或一种草，和破布头，放在臼[1]内，和水捣成浆，就用这浆做成纸。

制纸的架子中间，是一面竹或丝做的筛，把

① 臼（jiù）：舂米的器具，用石头或木头制成，中部凹下。——编者注

纸浆倒在筛上，用手簸动着。这样，水从筛的中间滤去了，留下一层稀薄平滑的浆，等到干了，轻轻揭起来，粘在木板上，在太阳下面晒干，这样就成了纸。

这些纸叠起来，再用木头压平，就可以发卖了。

这种手工制造纸的方法，至今中国还有许多地方用着。

中国是何等有忍耐力和创造天才的国家呀！

每次我在街上看见贩卖扇子、灯笼这一类东西的中国人，我就想起，这个国家发明瓷器、印刷术、火药和造纸，都在欧洲国家之先哪。

造纸的方法，从亚洲传到欧洲，这中间又要经过许多年。

公元七〇四年，阿拉伯人征服了中亚细亚的撒马尔罕城。除得了许多战利品之外，阿拉伯人又得到了造纸的秘密。于是阿拉伯人所征服的许多地方，如西西里岛、西班牙和叙利亚，一时都

中国人的手工造纸

开起造纸厂来了。叙利亚的曼比季城——欧洲人称为巴姆比采——也开设了一家造纸厂。因此，阿拉伯人除了把火药、丁香、香水这些东方的出品运到欧洲以外，又把巴姆比采城出产的纸运到了欧洲。俄文中的“纸”这个词就是巴姆比采这地名演变成的。

此后又得经过几百年，欧洲人方才自己造纸。当时欧洲的造纸厂，就叫作“纸磨坊”。十三世纪的时候，在德国、法国和意大利已经有了“纸磨坊”。

德国的商人把意大利制造的纸，运到了俄国的诺夫哥罗德城。不久，俄国也开了一家造纸磨坊，在离莫斯科三十俄里[①]的喀尼诺村里。

因此，纸头从中国到了撒马尔罕，从撒马尔罕到了叙利亚、意大利和德国，从意大利和德国又到了俄国，这样差不多周游了世界。

在这周游的路上，造纸的质料变换了一些。到欧洲不久就用旧麻布头造纸了。

起初，人们不肯承认纸头的功用。只有不打算保全长久的东西，才写在纸上。写书却还是用那羊皮纸。可是羊皮价贵，终究敌不过便宜的纸头。而且后来，造纸的方法进步，纸质更精更耐

---

① 俄里：俄制长度单位，1俄里约等于1.07公里。——编者注

久了。于是就有人试着用纸来写书，还怕不经久，在两页纸中间夹上一张羊皮。

可是一世纪之后，羊皮纸就变成古董了！

时间一过，生活就变样子了呀！

工商业一天天繁盛，一天天发达。从一个城市到另一个城市，载着商品的船只来往如织。许多外国的商品经过河川和海洋运来。因为有很多的商人，市场、交易所、货栈和商船也就要用各种各样的文件，如账册、汇票、往来信、发票等，这些都必须用纸头，而且人们更必须能读能写才行。

因此受教育的不仅是修士们了。在那时候，到处开办大学和小学。年轻人都进了学校，去求知识。在巴黎，塞纳河左岸，学生住的地方占了一个区，至今还称作拉丁区。

所有这些快活的、惯会吵闹的、有求知欲的青年，都需要书本和笔记本。

但是一个穷学生哪来的钱买羊皮纸呢？正是

便宜的纸，才救了我们这些青年朋友！

从此抄写这门行业不专属于修士了。不修边幅、惯会打架的学生也干这行了。学生抄书自然不会怎样美丽工整，他们有的在第一个字母上画一个鬼脸，或者一个大肚皮的动物。学生对于书本都不大敬畏，时常在教科书的边旁空白处，画上许多滑稽的脸相，再加上些不堪的语句，什么“吹牛皮”呀，“你说谎”啊，等等。

从事抄写工作的学生

请看那时候的大学生吧！他住在屋顶矮小的阁楼间里，正埋头抄讲义。面前放着一个像牛角那样的墨水瓶，是插在桌面的一个洞里的。桌上点着一盏青油灯。他的腰间挂着一支鹅毛笔和一根铜尺。虽然差不多是冬天了，可房里并没有火。

昨夜里，我们那位大学生想从停泊岸边的货船上偷几块柴来生火。可是给管货船的人发觉了，被重重教训了一顿。

现在屋子里所有的只是一瓮清水、一片干面包。此外什么都没有。

那时候的学生，比消瘦褴褛的修士还清苦些。他的头剃得光光的，表示他已从中学校里毕了业。但除了光头以外，没有一点像那修士。他的脸上老有几条擦伤或者被打伤的紫痕，这证明了他曾在小酒馆里和一个皮鞋匠打架。

在那时候，大学生的生活并不见得快活。起头他是进修道院附设的中学校，吃了无数次手心，戒尺和教杖把他遍身都打过了。出了中学校，当巡游的小学教师，在各村落、各庄屋到处巡游。有的时候人们给他一些钱，但总是饿肚子的时候多。晚上就在路旁的泥沟里过宿，不然，就是偷了乡下人家睡着的鸡当一顿晚餐。后来在礼拜堂里住过六个月，管的是敲钟，把人们召集拢来做礼拜。最后才到了一个大城市里，进大学念书。他那些同乡同学都欢迎他加入为伙伴，并且给他起了一个绰号，叫“大教皇”。“大教皇”挺会争吵，喝醉酒闹事是常有的，哪一家小酒馆不知道“大教皇”的名儿呢？喝起酒来，他在文科学生中间总是数第一。糟糕的是他身边从来没有一个子儿。有的时候，他找到一些工作，给他的邻居抄写一本弥撒书或者一卷赞美诗。

有一些思想，在青年大学生的脑中盘旋着。他写着字的手渐渐地慢起来了，他的头倒在桌上，一种有规则的鼾声代替了笔触着纸面的沙沙声。

青油灯照旧燃着，发出青烟，染黑了小房间的墙壁。大胆的耗子在屋角跑来跑去，吱吱地叫着。原来留给明天当晚餐的一块硬面包正在给耗子当点心。

可是大学生不曾听到。他睡得正浓。在睡梦中，他看见自己已经戴上了一顶圆圆的学士帽。这学士帽，到了明年，他是稳可以到手的。

这时候，德国的美因茨城有个名叫古登堡的人，已经开始试验用印刷机印出世间第一部印刷的书。

在这第一部印刷的书里，没有大楷[①]字母。后来一个抄书的誊录手才发明了加上大楷字母。此外的文字全是用机器印刷的。从那些字体和排列的样子看，这印刷的书和当时的手抄本很相

① 大楷：指字母的大写印刷体。——编者注

像，可是仔细一看，就可分辨出来。原来，印刷的书上字母一个个都挺直，而且排列得有规则，和一排上操的兵士一样。

古登堡发明的印刷机

一个世纪以后，世界上连一个誊录手都找不见了。

现在，书籍不必再用穷苦的学生或虔诚的修士来抄写，那钢的巨人——印刷机——一天就能印出几千几万本来。

印刷术的发明增加了纸的需要量。从印刷所里印出来送到书铺子里卖的书，一年比一年多；到最后，造纸的原料——破布头——都不够供给了。事势逼成，不得不想法用别的原料造纸。

经过了许多次的试验，终于发现木头也可以造纸。

现在，只有顶上等的纸是破布头造的。此外，我们写字的纸、印报的纸、包东西的纸，全是用木头造的。

表面看起来，纸头和破布、木头，完全不像是一个样子。但是仔细想一下，才明白有十分相像的地方。

把一根火柴折断，或者从一块破布中间抽出一条线，你就会看见里面都有极细的纤维。纸就是用这些纤维制造的。

要是不信，从整页的纸上撕下一小片来，在光下看着破碎的一边就明白了。

这造纸的方法，最初是把破布头和木头分别

捣碎，成了极细的纤维。随后把纤维中间所含的各种脂肪、油质和灰沙完全拣去，再把这些纤维揉成薄而匀的一层，这样就变成纸了。

这是说造纸的原理。实际上纸又是怎样造成的呢？

这历史很长，得从头说起。

比方一件衬衣，穿的年头太久了，变成碎片，和别的破烂布头，一起丢在垃圾堆里。有人把这些破布头拾起来，依质地分成几类：棉布是一类，印度布是一类，别的质地又是一类。最后都打成包，送到工厂里去。

到了工厂里，这些破布头先得在锅子里蒸过，把中间所含的细菌杀死。因为这些破布头是从各处搬来的，从发臭的地窖里、医院里、垃圾堆里。

随后把这些破布烘干了，把中间的灰沙尘埃全部拣出。在工厂里，做这工作的，有一种特别的机器，一天可以洗干净几千几万块破布头。这些破布头假如用人工来拂拭，怕要满天都是尘沙了。

然后放在切碎破布头的机器里，一下子破布头都变成了碎片。现在只消经过漂洗就得了。先用一架机器，把破布放在灰汁和碱水里煮过，再加漂白，随后在另一种机器里做成纸浆。这样，第一部分的工作完了，破布已变成了薄的纤维质的浆。但是用这浆做成纸，这工作更困难呢！

做这工作，是用一个极大的机器——实际上是许多小机器拼合而成的。把纸浆倒进这大机器的一头，做成的纸头就从另一头出来了。

原来是这样的：起头是一架筛纸浆的机器，把纸浆里面的沙石都筛去了。

随后纸浆就流到了一个网上面，这网也是一种筛，不过是用机器作为动力不停转动着。经过这网，纸浆内凝结的硬块都留下了，单剩稀薄匀称的浆，从洞子里流到另一个架子上。这个架子和中国人做纸用的架子一样，不过这架子的两边是两个轴，联结起来，不住转动着，把纸浆摊匀，同时向前推进。

于是这没有干的纸，就从架子上移到一片平坦的布匹上面。这布匹上有许多圆的滚筒在滚着。有的滚筒的作用是挤去布上面的水分，有的滚筒是用蒸气烘干纸浆，这样就完全变成干燥的纸了。

最后，这些纸通过末了一个滚筒，这滚筒有一面刀，依一定的尺寸，把纸切开来。

自然，我讲这些细碎的造纸方法，你一定会觉得头痛，可是要是亲眼看到过造纸的机器，你就会觉得津津有味了。

试想一架机器占满了整个大屋子，在这里不见一个工人。可是机器很快地自己工作着，从不会停顿。

有的机器一天可以造十万公斤重的纸头。

造纸机器里面的架子，每天移动的距离有从武汉到上海那么远呢！

木头做纸，也是用同样的方式，只是前一半的工作不同。因为木头和破布头质地不同，要把木头捣成纤维，淘汰里面的杂质，自然得用另一种机器。

我们得再从头说起。

一棵松树长在林子里。到了一个晴朗的冬天，人们把它锯下了，砍去了绿的树枝、尖的树梢，把它拖到附近的小溪上面。

春天，河水解冻了，这棵树就从小溪漂到大河，和别的地方砍来的树木，一起结成木筏，筏上面载了驶筏的人，一起驶到了下游。

到了下游，造纸厂的高烟囱就望得见了，树木就在那里登了岸。

现在，我们的可怜的松树不幸的日子开始了。

起头被人们剥去了树皮，劈成小片，随后被送上分解机和漂炼机。

木头不像破布头那样放在碱水里煮，却是用

一种酸液漂炼。漂炼后就化成纤维，再把凝结的块拣去，变成了稀薄匀称的纸浆，倒在大的造纸的架子里。

这样，从一架机器转到另一架机器，一棵松树终于造成了洁白的纸！

我们的纸头什么都好，只一个缺点，就是不太能耐久。这是因为经过了漂白的缘故。原来漂白粉的腐蚀性是很强的，而纸头都在漂白粉的溶液里漂洗过，因此就很难保藏得很久。

几千年以后的人们，是否还能看到我们现在所用的书，真是一个疑问呢！

也许中古时代羊皮纸的手抄本，比现在用最完备的机器印成的书，还要保存得久些。

现在我们所用的纸，和印刷第一本书所用的纸，已经大不同了。现在我们用的笔与那时候的笔相比，差别更大。

欧洲文字里面的“pen”（“笔”的英文）或“plume”（“笔”的法文），都是从“羽毛”这个

词产生的，可见鸟毛笔和鹅毛笔使用过很长一段时间。

不过，数年以前，我们庆祝过发明钢笔的百年纪念。一八二六年，梅森发明了制造钢笔的机器。从此以后到处都用钢笔头，用了千余年的鹅毛笔就被淘汰了。

回想起我们的祖父生活的年代用鹅毛笔写字，是多么麻烦哪。在当时，衙门里专有一些官吏，从早做到晚，专给上司做鹅毛笔。这是一种吃力的工作，要有经验才能干。先把鹅毛管切成一定的角度，随后修光，再从当中劈为两片，这比削铅笔要难得多呀。

在钢笔发明以前，已有人发卖一种小鹅毛笔头，可以插在笔杆里，所以笔杆是老早就有的，并不是等到发明钢笔头以后才发明的。

使用铅笔比使用钢笔早百余年。发明铅笔的是一个名叫孔泰的法国人。他用石墨粉和陶土做成铅，另用一条长的圆木头，当中劈开，在中

用鹅毛笔写字

间挖成槽，把铅放在槽中间，拼合起来，再切成六段，磨光，加上油漆，装入木箱，就成为市上发售的铅笔了。

铅笔和钢笔大概不会像鹅毛笔和蜡版上写字的笔那样用得久，因为现在打字机已开始在和钢笔争地盘了。

我不怀疑，不久以后，小学生的衣袋里，都会藏着一架小的打字机。

第六章　书的命运

拉丁的古谚说："连一本书都是有命运的。"一本书的命运有时候比人的命运更奇怪呢！

希腊诗人阿尔克曼的集子就是一个例子。那是写在芦叶手卷上面的，它能够保存到现在，说起来是一件非常古怪的事。原来这书老早就被埋葬在地下了，用的是和葬人一样的葬法。

古代埃及人有一个风俗，人死后做成木乃伊。把这人生前所有的书籍文件，都和木乃伊葬在一处。因此几千年前写下的书籍信件，往往在木乃伊的胸头保存着，一直到如今。

古代埃及的坟墓里所保存的古书，要比无论哪家图书馆所保存下来的都更多。

埃及最大的图书馆，就是亚历山大里亚图书馆，当罗马恺撒大帝的军队占领亚历山大里亚城的时候，它就被烧掉了。这几百万卷的芦叶书中间，有着无数的秘本珍籍，可是都被烧掉了。现在留给我们的，只有亚历山大里亚图书馆的一些散逸不全的书目。

所有这些在当时使人哭、使人笑的书本，到现在只留下一个书名，像许多被忘却的死人一样，现在只留下墓碑上所题的姓名。

还有更古怪的事，有些书，因为有人要消灭它，反而保存了下来。

这并不是要消灭书本，而是要消灭书中的文字。原来中古时代，羊皮纸很贵，因此有人把那些异教的希腊诗集或罗马历史等书的原有文字用刀刮去了，再写上圣灵的传记之类。在当时，就有些人专干刮书和损毁旧书这一些勾当。

这些经过刽子手“杀害”的书，要是到了我们的时代，没有发明重新显出原文的法子，那就永不会流传了。

原来，墨水写在羊皮纸上面，留着很深的痕迹。不论刮书的人刮得怎样厉害，还是保留着形迹。只消把这些稿本浸在某种化学药品里，面上就会显出蓝的红的影子。可是别太高兴了。在药水中浸过以后，这些蓝的红的字迹，马上就会变成黑色，到最后便模糊得无法阅读了。

尤其是用五倍子酸浸过的书，马上就会变成黑色，再也看不出字来。现在每家大图书馆里，差不多都有几册死过两次的手抄本哩！

有一个关于某学者的故事。那位学者，因为

翻译古书翻译错了，怕受人指责，特意把那重新显出来的古书涂坏了。

过了不久，又有人发明另一种非酸性的液体，可以把磨灭的古代文字重新显出，在短时间内不会消失。当看得见文字的时候，就用照相机拍了照。

而最近的发明，已经可以不用药水洗，而用一种特殊的照相镜头拍照了。

显示出两种笔迹的手抄本

假如书有一些仇敌，当然也就有一些朋友。这些爱古书的朋友，专在埃及古代坟墓中、赫库兰尼姆和庞贝的灰堆中，以及修道院的库房里，找寻一些上了年代的旧书。

有一个故事，说到一位爱书的朋友马菲和他发现维罗纳图书馆藏书的经过。

在马菲以前，许多游客的笔记里都写着维罗

纳图书馆藏着很多珍贵的拉丁文手抄本。后来有两位著名的学者，马比仑和蒙福孔，想了种种方法搜寻，都没有寻到。

可是马菲不因此而失望。他原不是一个版本学家，只是一个懂得旧书的人。他努力去找寻，最后却在别人都找过而找不到的地方——就在维罗纳图书馆——找到了那些秘籍。

原来这些秘籍并不在书橱里面，而在书橱顶上。从前的许多人没有想到在书橱顶上找寻。马菲用梯子爬上去，无意中发现了许多年前的乱堆着的满是灰尘的书。

他是多么高兴啊！在他面前的就是一堆世界上最古老的拉丁文抄本！

关于书的运命，要是再说下去，还有许多事可以说，比方亚历山大里亚图书馆里被烧掉的那些书、修士院里失掉的藏书、宗教裁判所下令焚毁的书和战争中毁掉的书。

书的运命，往往跟着人的运命、民族的运

马菲找到了天下最古老的拉丁文抄本

命、国家的运命而转变。书这东西不但记录过去的历史，指示各科的知识，书本身也参加战争与革命。有时一本书可以推翻一个国王。在战争的时候，无论战胜的、战败的，双方都有书参加斗争。而且一本书是属于哪一党、哪一派，往往一眼就看得出来。

我在研究院图书馆里看见几本法文书，是一七八九年法国大革命前出版的。其中有一本，篇幅很厚很大，装订插图都非常讲究。原来这是保王党用的书，所以场面阔得很。其他几本却都很渺小，可以藏在口袋里，藏在手心里，这些是革命党用的书。样式小，才能偷运到前线四处分散。

所以书的开本大小，也不是偶然的。因为书的生活断不能和人的生活分离。一本书的大小，一定是要和人相配合的。

我记起一个故事，是讲人和书同时给焚烧了。

焚书的故事

这是十六世纪在法国发生的事。一五四六年里昂市的排字工人罢工。这大概是世界上第一次的排字工人罢工吧。这次罢工持续了两年之久。其中有一个印刷所老板，名叫多雷的，背叛了他的那些同行老板，帮了工人许多的忙。

后来工潮结束了，可是那些老板没有忘记这一回事。

五年以后，就有人向巴黎大学神学院提起了诉讼。里昂市的印刷业业主联名控告多雷，罪名是印刷反宗教的书籍。

这案子很快就判决了。多雷被判处死刑。他和他所印刷的书，一起在巴黎莫贝广场，被架着柴火焚烧掉了。

这最后一章写完了。我很抱歉，“书”是如此出色，我却只写了这么一点点。

译者后记

一九三六年初夏，在印度洋船上颇为纳闷，就把伊林的《书的故事》从伊洛·文利（Ilo Venly）的法文译本译成汉文。打算带回给小侄女序同，当作一件礼物。到了上海以后，才知道这一本小书在国内已有两种译本了。我这一个译稿，自然更没有出版的必要了。

后来，偶然的机会，看到董纯才先生的译本，和我的译本竟有许多不同的地方。这才又把张允和先生的另一译本买来比较。原来董、张两先生都是根据英译本重译的，英译本和我所根据的法译本内容颇有出入。其中最重要的是英译本不见了那原书最后一章最末几段文字，另外却又在上篇第三章后面加上了一个故事，是嘲笑黑人愚蠢的。当初我就怀疑法文本翻译不忠实，就请张仲实先生用俄文原本核对，才知道法文译本是比较忠实的，英译本却把原作增删了许多地方。

这些书本来是给孩子读的，我不明白英译本的译者为什么不加声明，添上了一段牛头不对马嘴的故事，故意要替英美的儿童，造成一种蔑视有色人种的成见。而且英译本故意截去原书的尾巴，也不明白到底是为了什么。

因此，为求忠实介绍，我就决定把这个译本重新出版，并且请张仲实先生依照俄文本加以校订，除了删改俄文本中对于中国文字了解的一些错误外，自信和伊林的原作已没有多少出入。

伊林说得不错："每一本书都不是偶然的，

因为书的生活断不能和人的生活分离。”从翻译上看来，也是如此。

胡愈之

一九三六年十一月七日　上海